AF501355

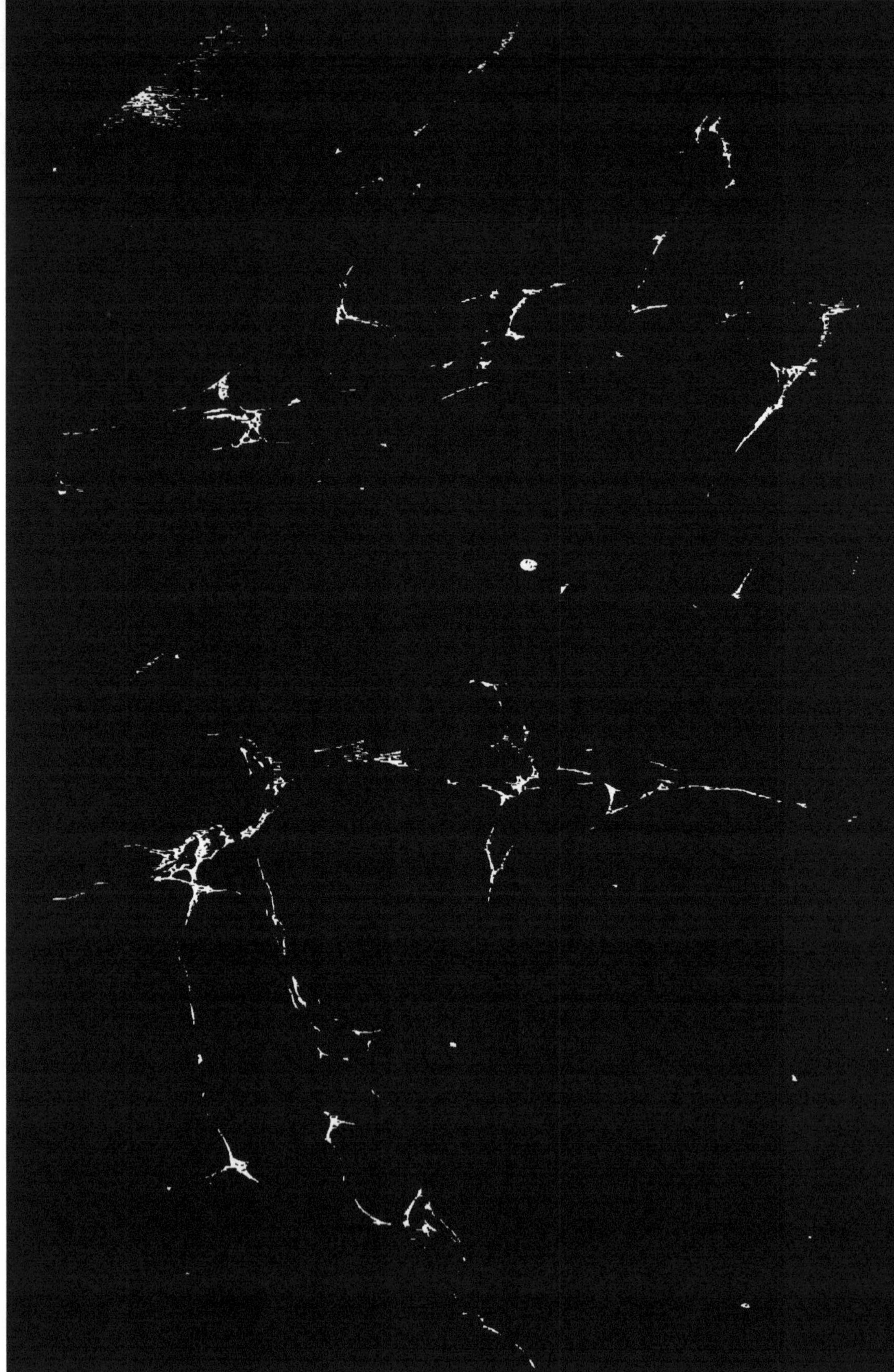

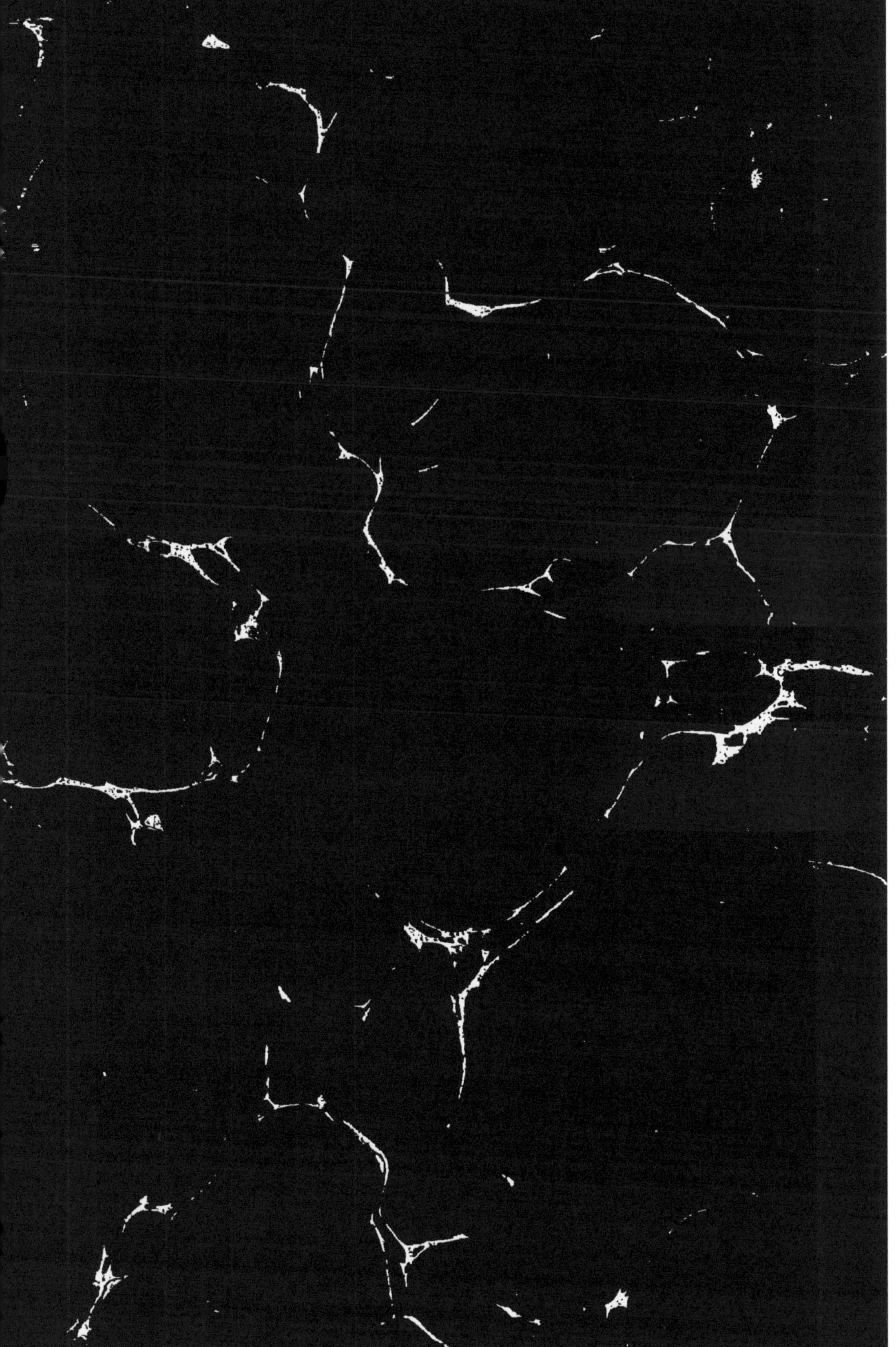

LIBRAIRIE DE E. DENTU, ÉDITEUR

DU MÊME AUTEUR

Chaste et Infâme, 3e édition, 1 vol. . . . . 3 »
Par ordre de l'Empereur, 2 vol. . . . . 6 »
Les Vivants d'Hier, 1 vol. . . . . 3 »
Aventures d'un homme et de trois femmes, 1 vol. . . . . . 3 »
Les grandes Rivalités, brochure grand in-8°. . . . . 1 »
Le Nihilisme en Russie, 1 vol. . . . . 1 »

Paris. - Société anonyme d'Imprimerie. — PAUL DUPONT, Dr. (Cl.) 43. 2. 80

LES PAYS OUBLIÉS

LA CÔTE BARBARESQUE

ET

LE SAHARA

EXCURSION DANS LE VIEUX MONDE

PAR

LE PRINCE J. LUBOMIRSKI

Illustrations de FERDINANDUS

PARIS
E. DENTU, ÉDITEUR
LIBRAIRE DE LA SOCIÉTÉ DES GENS DE LETTRES
PALAIS-ROYAL, 15, 17 ET 19, GALERIE D'ORLÉANS

1880

PRÉFACE

Ce premier volume, exclusivement descriptif, commence une série d'études sur l'Orient.

Un voyage en Orient, c'est une excursion dans ce passé incompatible avec notre civilisation, mais qui nous fait toujours rêver, dont notre imagination garde le souvenir et que les raisonnements des philosophes n'ont pas réussi à dépoétiser.

Notre société basée sur l'intérêt, notre morale, restreinte dans les règles tracées par le droit commun, enfermé lui-même dans un cercle mathématique d'équité, si régulier qu'il écarte tout ce qui pourrait l'élargir, convient à la vie d'Europe. Cependant le calculateur le plus sévère, le lutteur le plus énergique a des moments vagues de rêverie, où ce cercle lui paraît étroit, où son imagination cherche un aliment, son cœur une émotion, sa mémoire un souvenir. Pourquoi lisons-nous avec tant de plaisir les histoires des temps écoulés, pourquoi, au théâtre, aimons-nous entendre parler des sentiments que nous ne sommes plus capables d'éprouver, mais qui nous plaisent, quand ils sont exprimés par des hommes vêtus des costumes du temps jadis, pourquoi enfin, si nous descendons encore l'échelle, collectionnons-nous, dans nos appartements, des objets dont nos pères se sont servis? Il y a, — et je crois que tout homme l'a éprouvé dans sa vie, ne fût-ce qu'un moment — une sensation d'âpre mélancolie à songer à la vie de ceux qui ne sont plus, et n'ont plus leur raison d'être. Est-ce sentiment d'une préexistence, souvenir d'un repos absolu, ou besoin de s'élever audessus du présent, quitte à chercher la solution dans le passé, ne pouvant la trouver dans l'avenir? Hommes et nations se résolvent difficilement à briser avec la légende.

Il a fallu, après avoir en 1793, démoli entièrement l'ancien ordre de choses, regreffer les nouvelles institutions sur d'anciennes bases, parce que les masses, un instant éblouies par les idées nouvelles, revenaient d'elles-mêmes vers le passé. La société bâtarde dont nous sommes membres, est, depuis un siècle, en mal d'enfant, et traverse crise sur crise, pour la simple raison qu'elle a été édifiée sur d'anciennes bases. Les hommes, voyant chanceler l'édifice, se sont partagés en deux camps:

Les uns veulent rajuster les bases; les autres veulent démolir l'édifice. Les deux camps font la guerre au passé, et sous leurs coups redoublés, le passé croulera en Europe.

Eh bien ! ce passé si haï, si regretté, si sombre, si poétique, parfois plein de péripéties au point de nous paraître fabuleux, parfois monotone, au point d'alourdir notre imagination fiévreuse, ce passé qui agonise chez nous, s'est refugié, — si je puis m'exprimer ainsi, — tout entier, avec ses monstruosités et ses candeurs, ses élans et ses torpeurs de l'autre côté de la Méditerranée. Cette mer intérieure qui, comme dit un vieux poète, *a été créée plutôt pour unir que pour séparer les hommes,* sert de limite à la civilisation raffinée, mais de Tanger à Constantinople, le littoral, tantôt mince, tantôt large, est occupé par un peuple formé en une société constituée, établie, moins perfectionnée que la nôtre sans doute, mais où l'intérêt n'exclut pas les élans généreux, peut-être précisément pour la raison qu'il est moins bien délimité. De là une plus grande souplesse de sentiments, moins de défiance entre individus, plus de facilité dans les relations. Les musulmans du Nord de l'Afrique et d'Asie servent de ligne de démarcation entre la civilisation et la barbarie et vivent de l'existence du passé.

J'ai entrepris d'étudier l'histoire de la société qui

croule, non dans les livres, sur des inscriptions ou sur les médailles, mais chez un peuple qui vit comme vivaient nos pères.

Quant, au XIIIe siècle, Louis IX était en Égypte, sa façon de vivre, — à la religion près — ressemblait singulièrement à celle de n'importe quel prince d'Orient. Mêmes mœurs, mêmes idées d'honneur, de justice, de confort. Le roi de France et l'émir Fakhr-eddin, après avoir été, l'un à la messe et l'autre à la mosquée, pouvaient, à la rigueur, s'asseoir à la même table sans être choqués mutuellement de leur manière de manger, de parler, de se tenir : leurs deux tentes se ressemblaient; les mêmes lois de chevalerie les régissaient : les mêmes tissus leur servaient de vêtements, et leurs armes étaient forgées selon le même modèle. Or, pendant que l'Europe se transformait, l'Orient est resté stationnaire. L'émir Fakhr-eddin, rédescendant sur la terre du paradis de Mahomet, ne paraîtrait que fort peu suranné aux cheicks et aux émirs de nos jours. Quelques rares pachas Turcs, à peine, se formaliseraient-ils de sa façon d'être et d'envisager les choses. Je crois que Louis IX, même avec son auréole, se trouverait dépaysé parmi nous.

Il m'a paru piquant, après avoir usé et abusé de toutes les joies et de toutes les douleurs de la civilisation, d'aller vivre dans ces contrées de la vie de mes pères.

Peu à peu, je me suis trouvé à mon aise dans cette atmosphère différente de la nôtre et si absorbante par sa placidité. J'ai prolongé mon séjour dans ces pays oubliés, et ne pouvant pas adopter l'existence exclusivement contemplative des indigènes, je me suis mis, par distraction, à prendre des notes. Ce sont ces notes, — écrites parfois à la clarté de la lune, pendant des nuits plus lumineuses que nos matinées de décembre, — que je transforme en volume, et pour lesquelles je réclame l'indulgence du public. En plaidant ma cause, je ne présenterai qu'un argument : la véracité. Si mes descriptions diffèrent parfois de celles des écrivains qui m'ont précédé, si quelques-unes de mes appréciations effarouchent des lecteurs prévenus, je n'ai qu'une excuse à présenter : je dis, ou je crois dire la vérité, sans exagération, sans parti pris. J'ai vécu en Orient, à trois reprises différentes, plus de quinze mois. Je crois connaître suffisamment le pays pour écrire un guide, — sorte de Bedaeker ou de Joanne, — plus imagé, moins étendu, mais tout aussi véridique. Je crois que, ce faisant, et si j'y réussis, je remplirai une lacune.

Loin de moi la pensée de décrier la civilisation. Une ville réunissant le climat de Thèbes au bien-être de Paris, serait, à mon sens, le paradis terrestre. Il m'est cependant impossible de ne pas faire observer dès le début ce fait indiscutable : à savoir : qu'un Oriental ne saurait être transplanté chez nous.

A l'exception de quelques juifs, marchands de babouches et de pastilles, clairsemés dans les capitales, il n'y a guère d'Africains ou d'Asiatiques en Europe.

En ces derniers temps, à Paris, un grand seigneur Égyptien, homme d'esprit et d'action, exilé de son pays par les événements politiques, me disait :

— Enfermé, sans apercevoir le soleil une fois par mois, dans trois chambres numérotées du Grand-Hôtel, et soumis tous les jours à quelque nouvelle exigence sociale, comment voulez-vous que je ne regrette pas mes jardins du Caire, mon bateau sur le Nil, mes écuries contenant cent chevaux et mes domestiques qui me rendaient la vie si large et si facile ?

En prenant en considération qu'il faut être très riche pour avoir trois chambres au Grand-Hôtel, on comprendra combien la vie parisienne serait insupportable à un pauvre diable. Les villes de Turquie, d'Algérie et du Maroc, se peuplent de plus en plus d'Européens, qui s'y acclimatent très bien. Il est rare, sinon sans exemple, qu'un indigène des mêmes villes, vienne de son plein gré demeurer parmi nous. Il serait inexact de m'objecter que la pauvreté chasse d'Europe une quantité de prolétaires, pour lesquels l'Orient est une source de travail et de richesse ; ou que ces mêmes Européens vivraient chez eux s'ils y avaient l'aisance. Nulle part la misère n'est aussi grande qu'en Orient. Le moins fortuné des Orientaux ne consentirait cependant pas à échanger sa misère contre notre aisance. Les mendiants — et Dieu sait s'il y en a là-bas — ont une contenance calme ; ils portent sur leur figure l'empreinte d'une souffrance placide : parfois un gai sourire illumine leur visage ; ce rictus souffreteux et envieux qui contracte les lèvres blêmes de nos prolétaires leur est inconnu. Pauvres et riches peuvent s'étendre librement à l'air, et là, pendant de longues nuits, se reposer sous les regards d'Allah, ou rêver aux étoiles, à leur fantaisie, sans que personne aie l'idée de leur discuter le droit de se servir de ce morceau de terre ; sans que personne songe à les forcer à se bâtir ou à se louer un abri.

Nous avons troqué, en Europe, cette liberté d'allure contre la liberté de conscience ; l'Arabe, qui ne connaît pas et ne désire pas connaître la liberté de conscience, tient à sa liberté d'allure. Si je ne craignais pas de fatiguer le lecteur, je tâcherais de lui prouver l'incompatibilité de ces deux libertés, mais je reconnais que cette digression philosophique est déjà assez longue, et je me contente de conseiller à ceux de mes confrères ou lecteurs qui recherchent le passé dans les livres ou au théâtre, de se hâter de visiter l'Orient. Le caractère primitif de ces pays disparaît de jour en jour, et ce siècle ne s'écoulera peut-être pas sans que la pioche de la civilisation n'ait refoulé bien loin les derniers représentants de la vieille société.

Prince LUBOMIRSKI.

INTRODUCTION

Quand un peuple est arrivé à se gouverner lui-même, il n'a plus, prétend-on, besoin d'un Dieu. Il n'en est pas moins vrai qu'une religion bien définie est le premier jalon de la civilisation, et qu'avant de faire jouir les Kanaks, les Kirghises ou les Samoièdes d'un jeu régulier d'institutions constitutionnelles, il faudrait leur apprendre à ne pas adorer des morceaux de bois ou des animaux. Les pays orientaux n'en sont pas encore à nier toute divinité : la religion a été, jusqu'à nos jours, la première condition de la vie sociale d'un peuple : il m'a paru par conséquent utile, avant de commencer mon étude, de dire quelques mots du mahométisme.

Je ne connais pas de religion qui ait, comme le mahométisme, compris la grandeur de Dieu.

Le Dieu de l'Islam n'est ni Jehovah Sabaoth le Vengeur, le Dieu des batailles, le professeur à martinet de l'infortuné peuple d'Israël, qu'on plaint sincèrement, après lecture de la Bible, d'avoir été distingué par ce protecteur irascible. Ce n'est pas non plus notre Dieu le Père. C'est encore moins une des mille idoles mesquines du Paganisme. Allah a résolu, aussi loin que peut aller la compréhension humaine, l'idée de la Toute-Puissance. C'est le Dieu qui plane au-dessus de l'humanité, de la création, de l'univers; qui ne se découvre, ni se divise, ni se complète : il n'a besoin ni d'alliances, ni de pactes, ni de commentaires; il ne revèle et n'évangélise pas : il est.

C'est la formule de Moïse poussée jusqu'à l'extrême. Dieu n'est pas parce qu'il a besoin d'être; il ne peut pas ne pas être. Il est plus haut que cette hauteur où la science moderne s'est arrêtée à l'infiniment grand, faute de pouvoir comprendre l'infini. Mohammed, dans ses rêveries, n'ayant pu parvenir à se faire une idée juste du créateur suprême, l'a placé sur un piédestal assez élevé pour que l'imagination orientale elle-même n'y puisse jamais atteindre.

Maïmonide a écrit : « Ne décorons pas notre « Dieu d'attributs affirmatifs, car, si nous disons « qu'il est grand, bon, sage, puissant, nous le ju- « geons selon notre nature. Et cependant savons- « nous ce que sont la bonté, la grandeur et la « sagesse intrinsèques, nous qui sommes petits, « fous et méchants ! Pour avoir une appréciation « possible de la divinité, il convient de lui donner « des attributs négatifs, et dire : Dieu n'est pas petit, « n'est pas laid, etc., etc. » Mohammed avait déjà poétisé l'idée. Évitant de donner à Allah des attributs trop positifs, trop pareils à la perfectibilité humaine, il l'élève au-dessus de l'intelligence du bien. C'est l'incommensurable, l'insondable, l'infini. Parfois tout est résumé en un mot : « Dieu est grand, » mais résumé de façon que les paroles laissent dans l'esprit une pensée de grandeur surhumaine. Les deux principales qualités dont Mohammed aime à revêtir Allah, sont la clémence et la miséricorde. — Le Dieu clément et miséricordieux. — Vertus surhumaines, surtout dans les pays méridionaux et au VIIe siècle. Le XCII[e] chapitre du Coran précise l'idée du prophète. Le voici :

« Dis : Dieu est un : c'est le Dieu à qui tous les « êtres s'adressent dans leurs besoins. Il n'a point « enfanté et n'a pas été enfanté ; il n'a point d'égal « en qui que ce soit. »

Quand Mohammed parle de lui-même il dit : « Mohammed n'est que l'envoyé (Raçoul). » On distingue toujours l'humilité de l'homme en face de celui qu'il ne peut ni ne veut comprendre.

« N'agite point la langue, ô Mohammed, en ré- « pétant la révélation, en te pressant trop, de peur « que ce qui t'est révélé ne t'échappe » (Chapitre LXXVI, verset 16), ou bien : « Dis, je suis un « homme comme vous, mais j'ai reçu la révélation « qu'il n'y a qu'un Dieu » (Chapitre XIX, verset 110). L'idée de la grandeur de Dieu est absolue chez le prophète de l'Islam : jamais elle ne s'écarte de sa pensée. Malheureusement Mohammed, philosophe, était ambitieux de fonder une religion. Il fallait pour cela agir sur l'imagination de ses ouailles; dans son livre, Mohammed transige avec lui-même en adoptant des traditions qui diminuent Dieu et le font colère, rancunier, punissant les méchants, etc. En lisant attentivement le Coran, on s'aperçoit que cette diminution de son idéal coûte à Mohammed et qu'il hésite, chaque fois qu'il se voit obligé de rapetisser son Très Grand au niveau de la nature humaine. Alors, il emploie des formules comme celles-ci :

« Ceux qui diront que ce livre a été écrit par des « mains humaines sont infidèles. Composez donc « un seul chapitre semblable. Appelez-y tous ceux « que vous pouvez, hormis Dieu » (Chapitre X, verset 39). Ou bien : « Les infidèles te diront. Tu « n'as pas été envoyé par Dieu. Réponds-leur : Il « me suffit que Dieu et celui qui possède la science « du livre, soient mes témoins entre vous et moi. » (Chapitre XIII.)

Doutant lui-même, il a peur du doute et devient moins clair, moins persuasif. En revanche, dès qu'il peut se complaire, sans crainte de se heurter contre l'incrédulité, dans le développement de son idée de l'immensité d'Allah, il arrive au sublime. Il sent ce qu'il écrit, il est pénétré de son sujet, il y croit lui-même; ce n'est plus le fondateur de religion, l'ambitieux, tranchons le mot, le charlatan; c'est le penseur, le philosophe.

La principale qualité du Coran et la force indiscutable de l'Islamisme sont dans cette admiration sans partage du Créateur. Les Prophètes, les conquérants, l'envoyé, reçoivent leurs inspirations d'Allah, qui, dans sa bonté, consent à leur apprendre comment les hommes doivent se conduire pour être dans le droit chemin (Islam), sans daigner toutefois faire de pacte avec eux. Il détourne de la Création sa face de bronze et rien ne peut lui plaire ni déplaire. Il ouvre les yeux des hommes; c'est aux hommes à regarder. Une minute d'indulgence, un regard jeté à terre qui tomba sur Mohammed, quelques secondes de révélation, et l'Islamisme est fondé. Mohammed ne consent pas à diminuer son Allah, au point de converser journellement avec lui, de disputer, d'écrire sous sa dictée, etc... Il entrevoit sa grandeur, les cieux et l'Eden, et il voit tout cela si vite que la tasse pleine d'eau qu'il renversa au moment où l'ange, messager d'Allah, l'enlevait au Ciel, est encore à moitié pleine quand il est rendu à la terre. Le Coran émane de ce contact furtif. Le mot Coran signifie la lecture, le livre par excellence ; en passant sur Mohammed pendant son voyage, le souffle d'Allah a suffi pour lui donner la science.

Le style du Coran est concis, parfois emphatique, très imagé : la plupart des traditions de l'Ancien et quelques-unes du Nouveau Testament y sont admises ; le point de départ historique, c'est le peuple hébreu, les Arabes étant fils d'Ismaël. Le mot Allah ressemble trop au mot hébreu (Eli, père, Elohim, les Dieux, dénomination donnée souvent à la Divinité, à Jévohah, père des Dieux), pour ne pas en être une dérivation. Allah est un Jévohah, un Dieu le Père atteignant et dépassant les dernières limites de la compréhension humaine.

Un philosophe allemand a dit : « Toute loi est « vraie : elle est instituée pour régler les rapports « entre individus se parlant, se comprenant, connais- « sant leurs besoins respectifs. Toute religion est « fausse, car, voulant régulariser les rapports entre « l'homme et quelqu'un d'incompréhensible et d'in- « connu, elle ne peut être que le fruit d'une imagina- « tion exaltée ou d'une effroyable peur. » Mohammed philosophe, est impeccable au point de vue de la compréhension de la Divinité ; fondateur de religion, il s'est laissé aller à son imagination exaltée, et voulant régler les relations entre l'homme et Dieu, il a erré comme ses prédécesseurs. Le Coran, code civil, pénal et politique est très bien fait, parfaitement adapté aux besoins des Arabes du VIIe siècle. La morale et l'hygiène y sont traitées avec clairvoyance et connaissance de l'humanité. Aujourd'hui encore, il sert de bulletin des lois aux Cadis de Tunis et du Maroc.

En tant que code religieux, le Coran ressemble aux livres dits « *Les Écritures*, » bible, Zenda-Vesta, etc. L'absurde y côtoie le sublime. Les récits de miracles, toujours inutiles, parfois grotesques, y font regretter qu'un homme d'une telle élévation d'idées et de sentiments, ait éprouvé le besoin de tromper ses semblables, et troqué ses convictions contre un peu de gloire d'outre-tombe. Néanmoins, tel qu'il est, le Coran émane de l'intelligence la plus lucide que le monde ait produit depuis le Christ.

Mais tout culte se transforme suivant les besoins

de la minorité gouvernante, et comme le Christianisme ne ressemble guère à la religion primitive, fondée par le Christ, de même le mahométisme a subi des modifications appropriées aux différentes époques qu'il a traversées. Toutefois, la civilisation orientale demeurant depuis longtemps dans un état de stagnation, le fanatisme étant encore très vivace, l'instruction n'ayant pas eu le temps de pénétrer dans les masses, l'Islamisme, immobilisé depuis cinq siècles (1), suffit pour contenir les peuples dans le respect de l'autorité séculaire et temporelle. Les pays mahométans tels que Tunis, en sont encore à l'époque où la loi religieuse se confond avec la loi politique. Un péché selon la religion reste encore un crime ou ún délit selon la loi, et il n'y a aucune séparation ni politique, ni sociale entre l'Église et l'État. Si le fanatisme militant est répréhensible, le fanatisme triomphant n'est pas préjudiciable à l'état moral d'un peuple à moitié civilisé. Dans tout pays musulman où le mahométisme règne sans partage et où la loi s'appuie sur le Coran, la moralité est très suffisante. Je vais plus loin et je

(1) Époque de la dernière transformation.

dis qu'il y a beaucoup plus de mahométans convaincus que de chrétiens sincères. Un mahométan convaincu est un très honnête homme non-seulement selon les idées orientales mais encore au point de vue universel.

Mohammed s'étant rendu compte de l'imagination des Arabes et de leurs goûts matériels, a modifié quelques-uns des préceptes de l'Évangile, qu'il a lu et commenté avec un orfèvre chrétien nommé Djebz, domicilié à la Mecque pendant l'hégire. Le Christ, nature septentrionale, platonique, faite de douceur et d'abnégation, a fondé une religion qui, s'efforçant de dompter les passions, s'est étendue surtout vers le Nord. Pour faire admettre le christianisme aux peuples méridionaux, il a fallu les bûchers de l'inquisition éclairant des cérémonies pompeuses, le prestige de l'extase, et enfin l'intervention de l'effroi qui, peuplant l'enfer de tourments palpables, a réussi à métamorphoser une religion de douceur en culte de l'horrible. Dans sa première et sublime pureté, le christianisme ne peut être compris et apprécié que par une nature suave comme celle de

Jésus-Christ. Une récompense éternelle, qui se réduit à la contemplation de la face de Dieu en compagnie des anges, est peu attrayante par elle-même. Il faut encore expliquer la transformation de la nature qui, devenue de l'éther pur, trouve le bonheur là où notre nature terrestre n'éprouverait qu'ennui; explication difficile, nécessitant beaucoup de persuasion de la part du professeur, beaucoup d'intelligence de la part de l'élève. Il y a peu de chrétiens convaincus, et même, parmi ceux-là, ceux qui le sont suivent les commandements de l'Église plutôt par peur du châtiment que par espoir de récompense. Une nature d'élite peut comprendre seule, la grandeur de la promesse. L'idée que l'âme, délivrée de son enveloppe mortelle, ne gardera rien d'humain, pas même les sentiments de douleur et de plaisir, ne peut être définie que par une intelligence d'élite. Le christianisme est une religion de raffinés, plus divine que le mahométisme, mais en raison de sa divinité même, moins accessible au plus grand nombre. Un homme qui suit tous les préceptes de l'Évangile sans accepter aucune des modifications apportées à la formule chrétienne par l'état social, est un grand homme de bien, un cénobite, un anachorète, un saint. L'homme le plus ordinaire peut être un mahométan irréprochable. Rien n'est plus facile. Il lui suffit, sans torturer son esprit par des combinaisons métaphysiques, de croire que, s'il se conduit bien, il habitera éternellement un séjour, où des « jardins et des vignes (1) » lui donneront cette ombre qu'il aime sur la terre ardente; où « des filles aux seins arrondis et d'un âge égal au sien (2) », lui procureront la plus grande jouissance de sa nature sensuelle; où « des fruits des arbres, qui s'abaisseront pour être cueillis sans peine (3) », satisferont sa paresse, à lui, l'homme indolent par excellence, et condamné cependant à de longs voyages à travers le désert et où « des coupes remplies d'un mélange de zendjabil », lui donneront un breuvage glacé, à lui l'éternel altéré de ce pays de la soif. La religion musulmane n'exige d'un croyant que l'ablution, la prière et l'aumône journalières; le

(1) Chapitre LXXIX, verset 32.
(2) Chapitre LXXIX, verset 33.
(3) Chapitre LXXVII, verset 14.

pèlerinage et le jeûne à des époques fixes ; — « c'est « ainsi que, dit un commentateur du Coran, l'esprit « maintenu dans une disposition heureuse, empêche « l'homme qui songe souvent à Dieu de faire le « mal. » — Rien de plus aisé que de suivre les prescriptions d'une religion aussi facile. Une récompense qu'on comprend est au bout, et l'on est maintenu dans la bonne voie par la crainte d'un châtiment inconnu, mais tout aussi terrible dans son mystère que nos grils et feux éternels.

Nous ne saurons trop le répéter, Mohammed connaissait son peuple. Un Arabe du désert, toujours en lutte, craint un danger, un mal nouveau, mais il sait que le bien ne vient jamais que prévu. Il ne connaît pas de bonheur surhumain. Il le rêve parfois dans une bague qui rend invisible, dans un tapis qui transporte à de grandes distances. En revanche le mal inconnu, c'est le courant. Aujourd'hui un tremblement de terre, demain une maladie, une infirmité étrange. Un poète oriental, Saadi, je crois, a dit : « Si vous pensez à un bonheur in- « connu, vous rêvez miracles ; le malheur vous « arrive toujours autre, toujours nouveau, et votre

« imagination sera constamment au-dessous des « maux qui peuvent vous assaillir à tout moment « de la vie. »

N'est-ce pas profondément vrai, et Mahomet n'a-t-il pas eu raison de spécifier les récompenses du Paradis et de laisser planer un mystère sur les châtiments de l'enfer?

Le mahométisme, religion méridionale, matérielle, compréhensible, a trouvé de nombreux prosélytes en Asie et en Afrique. A l'époque où nous vivons il a besoin de nouvelles modifications, mais je crois que ce n'est pas le christianisme qui le remplacera avantageusement dans les pays du soleil.

LA CÔTE BARBARESQUE
ET LE SAHARA

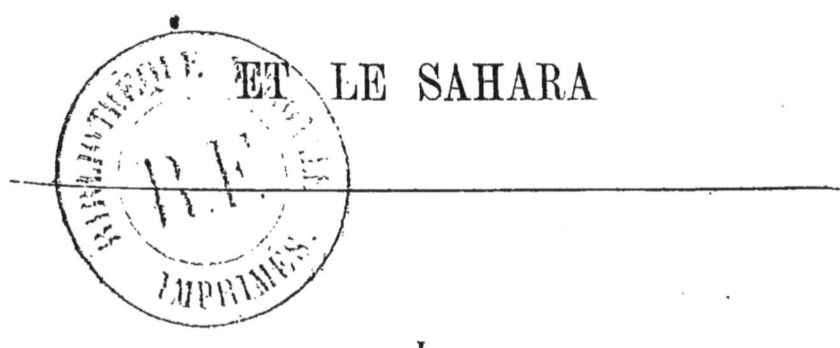

I

La Goulette. — Arrivée à Tunis. — Les bazars. — Le palais du bey. — Les militaires. — Le pourboire du grand commandant. — Les lieux d'asile. — Arrangements à l'amiable entre le gouvernement et les criminels. — Les quartiers juifs. — L'heure de la prière.

Les vagues, énormes en pleine mer, se transforment, à mesure que nous approchons de l'Afrique, en une sorte de houle profonde et tourmentée. Le vent, qui, là-bas, réussissait à peine à soulever les premières couches de l'eau, la trouble ici dans toute sa profondeur. La teinte des flots, d'un vert sombre aux flancs du navire, est jaune autour de nous. Plus loin, à gauche, après une étroite langue de terre, la mer, devenue lac salé, paraît d'un bleu limpide, de ce bleu d'azur qui fait de la Méditerranée une mer incomparable. Derrière ce bleu, une gigantesque tache blanche en relief sur le violet rougeâtre des montagnes étranges qui bordent l'horizon ; c'est Tunis, la plus blanche des villes d'Afrique, *le bournous du Prophète* comme l'appellent les conteurs arabes ; Tunis, étendue sur le penchant d'une colline, adossée à une chaîne de montagnes dont on aperçoit les deux cimes principales, Djebel-bou-Kormëine et Djebel-Rios, comme des sentinelles en faction devant le mont Zahouan.

En face du golfe, presque au ras de l'eau, des maisons blanches sont groupées autour d'une coupole verte : c'est la Goulette qui entoure de ses habitations le palais d'été du bey. A droite la côte boisée fuit vers l'occident, en zigzags capricieux. Presque à tous ses détours, elle présente à l'œil des villas enfouies sous des ombrages délicieux. Des palais, des minarets émergeant d'une forêt de lentisques, de mimosas et d'oliviers, se mirent dans l'eau. Deux montagnes arides encaissent ce riant paysage entre leurs flancs escarpés et semblent se regarder avec menace à travers la petite baie qui les sépare. Ces hauteurs à l'aspect sombre, quasi-tragique, sont surmontées, l'une de la chapelle Saint-Louis, l'autre de ce qui reste de Carthage, et perpétuent le souvenir des deux plus grandes infortunes, peut-être, de l'histoire.

A l'entrée du passage, étroit de quelques mètres

à peine (Goulette), unique communication entre la mer intérieure et la Méditerranée, nous sommes abandonnés par la nuée de mouettes et d'albatros qui nous avaient suivis depuis notre embarquement. Nos rameurs donnent un maître coup d'aviron ; nous ressentons une secousse ; la barque monte la crête d'une vague, et nous voici, sans savoir comment cela s'est fait, dans le canal, entre deux quais de bois. Des hommes à figure étrange, tout encapuchonnés, qui se promenaient insoucieusement avant notre apparition, se mettent à longer notre sillage en courant et en proférant des cris épouvantables accompagnés de gestes qui nous paraissent hostiles. L'interprète venu à notre rencontre, israélite Tunisien du nom de Nataf, m'apprit que ces gens barbus et débraillés, tout en remplissant les fonctions de policemen, gardes-côtes et douaniers, jouissaient pour le moment de leurs loisirs, et les employaient à pousser des cris féroces, pour supplier les voyageurs de leur confier leur bagages, qu'ils se chargeaient, en qualité de portefaix, de transporter à la gare. Ces braves fonctionnaires nous avertissaient que le chemin de fer de la Goulette à Tunis, qui fait le trajet trois fois par jour, allait partir dans cinq minutes.

Désireux de nous reposer, nous abandonnâmes nos bagages à l'obligeance du vice-consul de France, dont les bureaux se trouvent au bord du canal, et quelques minutes après notre débarquement, nous nous installâmes dans un wagon, se rendant à Tunis, lui troisième du convoi. Le chemin de fer traverse une plaine raisonnablement cultivée, en côtoyant *El Bahar* (mer) de la Goulette, le plus grand des lacs salés qui entourent Tunis. Du côté de la terre on ne voit guère de villages, et on rencontre quelques rares chameaux et des passants plus rares encore, le lac, en revanche, est animé au possible. Il semblerait que tous les oiseaux du pays s'y soient donné rendez-vous. Cormorans, courlis, canards, flamants, hérons, traversent l'eau à tout moment, les uns en bande, les autres solitaires. Ceux-là s'arrêtent pour se percher une seconde sur un pilotis qui a jadis servi de base à quelque forteresse espagnole, d'autres rasent les flots de leurs ailes pointues, ceux-ci poussent en haut leur cri éclatant ou plaintif. Tout cela vit de cette bonne vie sauvage, faite de liberté et d'oxygène, qui paraît délicieuse à un citadin en vacances.

Le train s'engouffre sous une gare qui ressemble à une moitié de tonneau cerclé. Nous traversons, pêle-mêle avec des officiers tunisiens et des portefaix, une salle d'attente assez misérable, et nous débouchons sur une place entourée de constructions européennes. On se serait cru dans une ville française de troisième ordre, n'était la population qui formait foule à la sortie. Il y avait, là, en face de nous, autour de l'élégante calèche que M. Bertrand, propriétaire du meilleur hôtel de Tunis, avait envoyée à notre rencontre, un monde de nègres, d'Arabes, de nomades, de Juifs, chacun dans son costume national, les uns étalant de magnifiques habits aux couleurs voyantes, taillés dans les plus fins tissus de l'Orient, d'autres

Plus délabrés que Job et plus fiers que Bragance,

se drapant dans des guenilles avec une dignité réelle, tous badaudant aux abords de la gare. De la voiture où nous montâmes immédiatement, nous vîmes pendant une seconde des turbans verts, blancs et jaunes, osciller en cadence au-dessus d'autant de calottes noires ou de fez; puis nous nous trouvâmes, à notre grande désillusion, dans une rue européenne, sale et mal pavée, ressemblant à tout ce que nous avions vu jusqu'à présent. La voiture, après avoir suivi quelques minutes cette rue, s'arrêta devant une maison à deux étages: nous étions à l'hôtel Bertrand, dit *Hôtel de Paris*.

Nous gravîmes l'escalier d'un air assez maussade, mais arrivés à notre appartement, situé au premier étage, nos impressions commencèrent à se modifier. Les fenêtres s'ouvraient sur une vaste place, entourée d'un mur éclatant de blancheur. Des chameaux couchés pêle-mêle avec les conducteurs, leurs têtes posées sur la crête du mur, donnaient à l'enclos un aspect singulier. La rue était très animée. Chevaux, ânes, chameaux, nègres, Arabes, femmes arabes voilées, femmes juives en costume, Européens et Européennes ; une fourmilière grouillante à perte de vue; des maisons à mâchicoulis, des marabouts carrés à dômes, quelque minarets à droite et à gauche, se détachant sur un ciel d'azur, sortant sans aucune symétrie d'un fouillis de murailles qui limitent le regard à l'orient et à l'occident. La première rue régulièrement bâtie, m'avait navré, et il fallut, pour me donner le courage de m'habiller, la visite de Nataf et l'assurance que la ville franque, où nous nous trouvions, ne ressemblait en rien aux autres quartiers de Tunis.

Tout étranger doit, autant pour sa sûreté personnelle que par déférence pour son gouvernement, s'inscrire chez un des consuls résidents. Je me rendis au consulat général de France, où M. Cassas, gérant le consulat en l'absence de M. Roustan, me reçut dans un jardin qui est un petit paradis. Rien de délicieux comme cette oasis de verdure, où l'oranger, le bananier, le bambou, l'arbre à savon, le palmier, forment des charmilles pleines d'ombre, de fraîcheur et de chants d'oiseaux. Le consul général, M. Roustan, très aimé, jouit de l'estime et de l'affection générales; je regrette d'avoir visité Tunis en son absence. Mais il me paraît impossible d'être mieux reçu que je ne l'ai été par M. Cassas. On se lie vite loin de Paris. Je sortis du consulat non seulement avec toutes les permissions désirables, mais avec un ami de plus. Une heure après, à l'hôtel, je fis connaissance de M. Coince, juge-consul de France; je me trouvai donc, aussitôt mon arrivée, avoir deux charmants protecteurs, et je me sentis les coudées franches.

Dès les premiers pas faits à travers la ville arabe, on est transporté en plein Orient des *Mille et une Nuits*. Une des voies quasi régulières de la cité européenne aboutit au bazar ou *Soukh* des parfums, antichambre des autres bazars dont on compte à Tunis près de vingt-cinq. Les rues tortueuses, étroites, recouvertes d'un toit en poutres blanchi à la chaux, s'enchevêtrent dans un dédale inextricable. Là, point de plaques indicatrices, point de lignes tirées au cordeau : les maisons s'avancent, reculent, s'effondrent parfois, formant des encoignures, des carrefours, des impasses qui reçoivent le jour par des lucarnes ouvertes sur le toit commun : cela s'appelle Soukh-el-Bey (bazar du Bey). Chaque maison — ou plutôt ce quelque chose qui sert de support au toit — est criblée de petites niches représentant autant de boutiques. Dans la partie réservée aux parfums, il n'y a que des marchands d'essences ; une odeur de musc, de jasmin et de rose nous accompagne jusqu'au bazar des cuirs où elle est remplacée par une autre, moins fade, et partant moins désagréable. Les Soukhs des cuirs, des pantoufles, des tissus, des tapis se succèdent les uns aux autres sans interruption. A mesure que l'on avance, la vie orientale apparaît dans toute son originalité. Les marchands, les jambes croisées, assis dans leur niche derrière un amoncellement de tissus de soie et de laine, appellent les chalands qui forment une foule de plus en plus compacte. Ici un grand et bel Arabe, drapé dans un burnous bleu, vêtu d'une *gandourah* rouge, juché sur une selle incrustée d'or, conduit savamment sa jument blanche au milieu des piétons entassés et, fier de cet assemblage de couleurs qui le distinguent du commun des mortels, inspecte d'un regard dédaigneux les intérieurs des boutiques : là, quatre ou cinq femmes, complétement voilées, accoudées l'une sur l'autre, leurs gros pieds maladroits écartés, marchandent un foulard : ici des officiers en redingote noire, boutonnée à l'européenne, leur fez, orné d'une étoile d'or, bien enfoncé sur la tête, écartent brutalement du fourreau de leur sabre des enfants déguenillés et soufflent en riant sur le bonnet phrygien d'une grosse Juive au visage découvert, qui traverse la rue en se dandinant ; là, un marabout glabre, appuyé sur trois magnifiques Arabes à longues barbes grises, lui baisant ses sales mains à qui mieux mieux, invective son concurrent, un derviche à moitié nu. Couvert de quincaillerie, de casseroles, de lampes attachées au cou avec des chaînes, le derviche, quatre lanternes à la main, cherche un homme, comme Diogène, et jouit par ce fait d'une grande réputation de sainteté. Plus loin un crieur public annonce au son du tambour le départ prochain d'un vapeur anglais pour Djeddah et la Mecque en criant :

— Musulmans ! un navire à vapeur viendra dans quinze jours prendre ceux de vous qui désirent visiter les lieux saints ! Soyez prêts ! Dieu seul est Dieu et Mahomet est son prophète.

Plus loin encore, la foule se confond à un tel point qu'on ne voit plus que les turbans multicolores et les fez rouges onduler dans un remous régulier. Cette ondulation est surtout saisissante d'un point culminant, l'ancien Soukh-el-Barca ou Souckh des esclaves, devenu le marché à la criée des bijoux d'or et d'argent. Si vous vous mettez au centre de la petite place que forme le bazar à cet endroit, vous rayonnez sur trois rues encombrées d'hommes blancs et de nègres, couverts d'oripeaux éclatants qui se balancent dans l'air au gré d'une brise produite par le mouvement de cette cohue.

Bousculés, bousculant, nous perçons cette foule d'hommes, d'enfants, de femmes, de fous, de saints, de chevaux, de chameaux, d'ânes et de chiens, rudoyant les uns, rudoyés par les autres, et sortis de la fournaise, nous nous retrouvons au bazar des étoffes, devenu moins bruyant que tout à l'heure. Quelques secondes après nous comptions deux amis de plus parmi les habitants du Souck : deux voisins. Les commerçants tunisiens ne connaissent pas la concurrence, grâce à l'usage qui oblige les débitants d'articles homogènes à se masser dans un même lieu. Nos deux marchands étalaient à l'envi devant nos yeux des étoffes de laine et de soie, des burnous, des gandourah, des foulards ; et quand, ahuri de leur faconde, je leur faisais demander par mon interprète auquel des deux appartenait telle ou telle étoffe, ils joignaient d'un merveilleux ensemble les deux index en clignant des yeux, et me répondaient d'un accent intraduisible :

— *Kif Kif!* (c'est la même chose).

Assis sur des tapis entassés devant la boutique nous examinions des étoffes, tirées d'un trou obscur avec une profusion à faire croire que nous étions chez quelque Aladin. Pendant ce temps, on servait dans des petites tasses en laiton de cet excellent café oriental, mousseux, parfumé, où il y a à boire et à manger, et que pour ma part je bois avec délices. Nonobstant cette politesse, quasi obligatoire du reste, nous nous mîmes à marchander ferme. Avertis que le plus honnête marchand tunisien se croirait un imbécile s'il ne demandait à un Européen le quintuple de la valeur de l'objet convoité, nous offrîmes deux cents francs des étoffes dont on nous demandait mille, et sans rien acheter, nous nous dirigeâmes vers des lieux meilleurs.

Le touriste européen est rare à Tunis, et dès l'arrivée, il est connu aux bazars qu'il s'empresse de visiter. L'Arabe, très patient, fait un prix et n'en démord pas pendant une semaine, tant que l'étranger est forcé, bon gré mal gré, de résider à Tunis, faute de moyen de communication. Le samedi, jour d'arrivée du bateau Valery, l'Arabe devient plus coulant : le lundi, où le bateau Robbattino apparaît au port de la Goulette, il vous fait une nouvelle concession, s'il vous rencontre au bazar; mais le mardi, jour du départ des deux bateaux, il accourt à l'hôtel (il n'y a que deux hôtels européens parfaitement connus de tous les marchands), offrir l'objet à n'importe quel prix. Ce fut ainsi que, grâce à Nataf, nous fîmes nos emplettes.

Le bazar des étoffes longe le mur d'enceinte du Dar-el-Bey, palais habité par le souverain seulement pendant le Ramadan. C'est un édifice d'un extérieur mesquin, blanchi à la chaux comme les autres maisons de la ville, à fenêtres percées inégalement dans le mur, avec deux ou trois portes en bois, pareilles à celles de nos anciennes maisons à allée. Une de ces portes, ouverte à deux battants, donne sur un vestibule où j'aperçus quelques soldats, vêtus à l'européenne, assis sur des escabeaux, leurs fusils à leurs côtés, tricotant des bas. Pendant que Nataf remettait à un de ces militaires la permission obtenue au consulat, indispensable pour visiter l'intérieur du palais, je m'assis sur un banc, ouvrant de grands yeux pour examiner ces étranges gardes du corps. Le soldat auquel Nataf s'adressa, prit le papier, le jeta précipitamment à terre pour relever les mailles de son tricot, et cette besogne achevée, se leva nonchalamment, disparut par une porte latérale, revint presque aussitôt précédant trois officiers, un commandant et deux capitaines, et reprit sans aucun égard pour ses supérieurs, son travail interrompu. Les officiers ouvrirent quelques portes, nous firent voir quelques pièces, chaudes encore du séjour récent qu'y fit un prince de Prusse, mais fort mal meublées et sans aucun intérêt — à l'exception d'une chambre voûtée couverte en entier d'un stuc finement travaillé — et nous conduisirent dans un petit cabinet donnant sur le bazar des étoffes. Là, un des capitaines se mit à parler très vite à Nataf.

Nataf traduisit :

— Ceci est une chambre que le bey affectionne beaucoup : de cette fenêtre il voit les marchands, qui le sachant là, viennent tour à tour étaler leurs étoffes devant lui. Si quelque objet lui convient, il fait signe à un de ses secrétaires qui va l'acquérir. Parfois le bey n'achète rien et s'amuse simplement à contempler le va et vient de la rue. D'autres fois il ouvre la croisée pour permettre au peuple de jouir de son aspect. — Maintenant... il convient de donner votre pourboire, nous avons tout vu.

— Mon pourboire !... à qui? demandai-je.

— Au grand commandant, répondit Nataf en désignant l'officier le mieux galonné.

L'épithète me donna à réfléchir; le pourboire d'un grand commandant devait être formidable.

— Donnez-lui quarante sous, dit Nataf souriant à mon hésitation.

Je glissai trois francs dans la main du grand commandant, vingt sous dans celle de chacun des capitaines ; les officiers me reconduisirent jusqu'à la rue, me montrèrent une mosquée, construite, selon la légende, par un chrétien miraculeusement converti à l'islamisme, et me saluèrent depuis chaque fois qu'ils me rencontrèrent dans la rue.

Cette façon d'envisager les droits et les devoirs militaires, si contraire aux idées européennes, est naturelle dans un pays ou soldats et officiers embrassent la carrière des armes sans aucune prétention à une solde, toujours promise, jamais réglée, et cela depuis des siècles... Les uns entrent au service de l'État par pur désœuvrement, *afin d'aider le bey à gouverner son peuple ;* d'autres, par vanité, pour porter un uniforme ; d'autres enfin par ambition, pour approcher des grands de la terre, mais tous sont d'avis qu'il serait injuste de les empêcher de gagner leur existence en exerçant un petit métier. Le gouvernement abonde dans ce sens et leur laisse pleine liberté de se procurer de l'argent ailleurs que dans ses coffres.

Une des façades du Dar-El-Bey donne sur la place de la Kasbah (la plus grande, je crois, de Tunis), ornée d'une galerie à deux étages, bâtie selon les règles architecturales en usage chez nous et destinée à abriter le nouveau bazar. C'est l'endroit le mieux tenu, le plus propre, mais le moins fréquenté de la ville. La Kasbah (ancienne forteresse restaurée par les Espagnols), édifice massif, de forme rectangulaire, entouré de hautes murailles crénelées, borde la place au sud, et sert de point de départ à la rue qui va s'élargissant jusqu'à une des portes de sortie, *Bab-el-Souïka.* Faite d'enclos blanchis à la chaux, c'est une des artères carrossables de Tunis. On peut y rencontrer des voitures, voire des harems en promenade. La rue est coupée par la place où l'on pend, et où l'on vend les grains. Sur le sol jonché de foin et de paille, des chameaux couchés, les jambes repliées sous eux, semblent examiner avec curiosité une rangée de négresses au profil simiesque, accroupies auprès des haillons qui, étendus à terre, supportent des pyramides de mil, de sésame ou de froment. Du reste ici, comme au bazar, c'est un tohu-bohu, des cris, une bousculade générale : les ânes braient, les chiens aboyent, les enfants crient, les négresses agitent les bracelets de cuivre dont elles sont couvertes et qui produisent un son de vieille ferraille; les hommes jurent, rient, plaisantent, se coudoient, s'invectivent, vendent, achètent, volent, mendient.

Nous suivons la foule, qui afflue vers un mur auquel sont adossés deux Aïssaouas (Khouans de Sidi Aïssa). Tandis que nous considérons un individu à figure bronzée, sérieusement occupé à des incantations adressées à un panier rempli de serpents, un cercle de curieux se forme autour de nous. Je jette une pièce blanche à l'Aïssaoua, lequel, après avoir poussé un cri de satisfaction sauvage, plonge les mains dans le panier, en tire un crotale, des vipères cornues, des scorpions, et commence ses exercices. Ce genre de prestidigitation a été décrit si fréquemment, que je crois bien agir en en faisant grâce à mes lecteurs.

Laissant l'Aïssaoua mordre le crotale et se faire

mordre par lui, avaler des scorpions, et obliger les vipères à danser, j'allai jeter un coup d'œil à la place où l'on pend. Cet acte de justice s'exécute d'une façon toute primitive. N'importe quel officieux enfonce un clou dans le mur de n'importe quelle maison de la place, et le bourreau, souvent aidé par le patient, accomplit son office, sans que cette opération, qui frapperait si profondément les populations européennes, provoque le moindre trouble parmi les passants.

Non loin de la place aux exécutions, dans une rue assez large qui retourne vers les quartiers populeux, se trouve Djama Sidi-Mahrez, mosquée, lieu d'asile, inviolable et inviolé jusqu'ici. Le lieu d'asile s'étend à quelques mètres dans les rues environnantes. Un voleur ou un assassin pourrait s'y croire en sûreté, n'était une loi qui autorise le bey à environner la mosquée d'un cordon de troupes, pour amener par la faim le malfaiteur à se rendre. Comme le lieu d'asile est plein de débiteurs insolvables, de soldats indisciplinés, etc., gens recevant ostensiblement la nourriture journalière de la main de leurs femmes, parents et amis, il n'est pas facile de s'emparer du fugitif, surtout (et c'est toujours le cas) s'il réussit à conquérir la sympathie de ses co-réfugiés. Alors le gouvernement le place dans l'alternative de parlementer ou de lasser ses nouveaux amis. Il suffit pour cela d'investir la place et de couper les communications ; cette mesure fait hurler les femmes et provoque parfois une émeute, mais finit par l'expulsion du délinquant, neuf fois sur dix... Souvent on s'arrange : le malfaiteur consent à parlementer.

— Voyons, dit l'officier chargé de l'expédition, tu as déjà tué trois Juifs... ça ne fait rien ; mais tu viens d'assassiner un vénérable mollah, retour de la Mecque; il faut que tu sois puni, n'est-ce pas?

— Je consens à être puni.

— Le gouvernement sera paternel... Rends-toi!

— Ouiche!!

— Que ton oreille sois maudite!... Dis tes conditions. Tu ne seras pas pendu, je te le jure. Tu ne peux cependant pas éviter la bastonnade?

— La bastonnade... soit! Cent coups... J'y consens...

— Cent coups!... es-tu fou? mille au moins!

— Jamais... j'aime mieux risquer la corde.

— Tu n'es pas raisonnable.

On tombe presque toujours d'accord... le bey n'aime pas les émeutes, les officiers détestent tout service et rien ne leur est plus désagréable que la mission d'investir un lieu d'asile. Un meurtrier, dans ces conditions, en est quitte pour quelques coups de rotin sur la plante des pieds et deux ou trois mois d'emprisonnement. Il n'y a pas d'exemple que le gouvernement n'ait pas ratifié et exécuté rigoureusement les conditions d'une pareille capitulation.

Un des quartiers juifs commence à quelques mètres de Djama-Sidi-Mahrez. Les quartiers arabes, si mal entretenus qu'ils soient, sont des miracles de propreté en comparaison de la ville réservée aux Israélites. Il est impossible de voir des cloaques plus hideux que les interstices entre les maisons, décorés du nom de rues ; une mare d'eau rougeâtre, croupissante, exhale des miasmes nauséabonds ; une charogne de chien littéralement couverte de mouches; plus loin, sous la voûte chancelante formée par deux maisons qui se sont rencontrées au moment où elles allaient s'effondrer, des enfants teigneux jouent dans la boue avec les restes d'un rat mort ; aux fenêtres des maisons, des femmes échevelées, se passent à travers la rue, à l'aide d'une gaule, des chiffons malpropres. Sur les trottoirs des colporteurs vantent leurs marchandises ; d'autres femmes poussent des cris inarticulés sur le seuil d'une maison où l'une d'elles vient de mourir. D'un sous-sol sort un murmure confus et sinistre comme un gémissement : c'est la rumeur d'une synagogue : le rabbin apprend la Bible aux enfants. Nous entrons. Un vieux Juif très maigre tient une baguette à la main, s'en sert tantôt comme archet de chef d'orchestre, tantôt comme martinet, et psalmodie ; dix ou quinze gamins répètent après lui ses paroles sur un rhythme plaintif : ceci s'appelle l'enseignement oral.

Nous passons dans un quartier arabe. A l'exception de l'arrondissement concédé aux Francs, qui se distingue des autres par la forme de ses constructions, il est inutile d'essayer de se reconnaître dans ce fouillis de maisons, de voûtes, d'impasses ; il y a cinq ou six *ghetto* enclavés dans la ville arabe, mais sans ligne de démarcation visible. On ne sait jamais quand on sort d'un quartier pour passer dans un autre, et cependant la loi interdit formellement aux Juifs d'habiter la ville arabe. Dieu sait comment ces pauvres diables s'y reconnaissent !

Les rues que nous traversons s'élargissent ; nous voyons quelques maisons propres ; puis des fenêtres grillées à mâchicoulis ; nous longeons les habitations des riches Tunisiens. La foule ici est moins compacte; on rencontre des Maures bien mis, vêtus de fins tissus de laine à couleurs voyantes : ce sont les dandys de la ville ; leur barbe est soignée, leurs vêtements d'une grande propreté, et, quand ils sont passés, le vent envoie des senteurs de musc et de jasmin.

Tout à coup un cri long, sonore, prolongé, traverse l'air au-dessus de nos têtes, se répercute, bondit et frissonne par la ville. Nataf m'indique un minaret en disant :

— Le muezzin annonce la prière... Regardez.

Un homme barbu apparaît à chaque ouverture de la niche à quatre voûtes qui couronne tout minaret et prononce quatre fois la phrase sacramentelle : « La Allah illahoullah Mohammed raçoul Allah ! » On compte deux cents minarets à Tunis : chaque minaret a son muezzin. C'est assourdissant.

Nous retraversons le bazar. La place de l'encan, si bruyante le matin, ne compte plus qu'une dizaine de retardataires, murmurant sans conviction les derniers prix offerts par les chalands et qui, ne les ayant pas satisfaits, serviront de point de départ à la criée du lendemain. En revanche les groupes sont devenus nombreux aux alentours des mosquées. Les tombeaux de saints, placés dans le bazar, parfois au centre même d'une rue, salués en passant par quelques dévots, sont peut-être l'unique danger que présente à un Européen la circulation au milieu de l'excellente population de Tunis. Il ne faudrait pas, surtout à l'heure de la prière, heurter un de ces sarcophages : ce serait un manque de respect qui pourrait coûter cher à l'imprudent.

Cependant peu à peu les mosquées, en s'emplissant, rendent les rues désertes. Les marchands ferment leurs boutiques : la nuit va tomber. Comme Tunis n'est pas éclairé au gaz, et que par une nui sombre, il est impossible à l'étranger de s'y reconnaître, nous nous hâtons de rejoindre le quartier français, peu éloigné du bazar.

En passant près de l'église catholique des Pères capucins, à l'entrée de la première artère européenne, nous n'y voyons plus. Arrivés à l'hôtel, nous nous retournons : la ville est plongée dans l'obscurité ; une myriade d'étoiles brille au ciel, mais dans les rues si animées tantôt, on chercherait vainement un seul passant.

II

La justice du ferik. — La bastonnade reçue avec plaisir. — Les prisons. — La justice du bey. — Le Bardo. — Le bourreau. — Opinion d'un Maure sur notre procédure. — Intérieur des Tunisiens. — Leur existence quotidienne. — Prières et orgies. — Restaurants, boutiques, barbiers, notaires, médecins, avocats. — Caractère des Maures. — La société européenne de Tunis.

Le principal privilège, la principale fonction d'un Tunisien *au pouvoir,* c'est de rendre la justice. Le bey tient au Bardo (1), toutes les semaines (les samedis en général), une sorte de cour plénière transformée en tribunal ; le férik (gouverneur de Tunis) rend chaque matin la justice au palais ; les caïds (chefs des provinces), pour la plupart favoris ou ministres, se déchargent sur leurs vicaires (cadis) du devoir de siéger quotidiennement, mais se rendent en personne à leurs résidences pour dénouer les causes embrouillées. Le droit de juger les hommes est la prérogative la plus enviée du pouvoir suprême dans ces pays primitifs où le dernier laboureur peut exposer son affaire au sou-

(1) Ou dans une autre de ses résidences.

verain en personne, dont l'autorité despotique, pour cette raison seule peut-être, n'a jamais été discutée. Les décisions sont prises promptement : d'un mot, parfois d'un geste, le bey ou le férik tranche une question litigieuse. L'amende, la bastonnade et la prison sont les peines que le férik peut infliger aux criminels de droit commun : le prince seul condamne à mort. Ni assesseur, ni conseil, ni jury : bey, férik et caïd, jugent selon leur propre appréciation, et leur sentence, en droit criminel comme en droit civil, est sans appel.

J'ai assisté à la justice du férik, ainsi qu'à celle du bey. J'y allais avec ce parti pris de critique, que cette façon de procéder, contraire à nos usages, inspire à tout Européen : j'en sortis étonné d'avoir éprouvé, au lieu de l'indignation présumée, un sentiment de profonde déférence et même de doute sur l'opportunité des institutions, peut-être excellentes chez nous, mais impraticables ici.

Sidi-Selim, férik de Tunis, ne parle guère à l'imagination ; c'est un Turc obèse, grisonnant. Sanglé dans son uniforme de général, il est assis à l'européenne sur un large sopha, recouvert de mauvaise perse, faisant le tour d'une des plus mesquines salles du Dar-el-Bey. Un seul degré, que les justiciables ne doivent jamais franchir, sépare cette salle d'un vestiaire où se tiennent les plaideurs et les inculpés en masse ; le vestiaire donne sur une cour : là, quelques gendarmes se promènent en causant amicalement avec leurs prisonniers. Dans un angle de la cour, un espace protégé par une balustrade en bois aboutit à une porte. La bastonnade s'administre dans le coin; la porte mène à la prison. On voit que la façon de procéder est primitive; un homme arrêté par ordre du férik est jugé, condamné et châtié en dix minutes. C'est expéditif et cela semble au premier abord peu imposant.

Nous examinions la cour à colonnades, quand le férik, qui venait de juger un différend entre deux fellahs (laboureurs), nous aperçut et envoya un zaptié (gendarme) nous inviter à venir auprès de lui. Nous nous empressons de franchir le degré; la salle vue de loin semble plus mesquine qu'elle n'est en réalité : des fenêtres énormes la remplissent de lumière, et permettent de voir la place du palais, fourmillante de passants.

A côté du férik, au bas bout du sopha, se trouvait un superbe vieillard maure, enturbanné, enveloppé de burnous des pieds à la tête, assis à l'orientale : c'est un ami du gouverneur; il vient de temps en temps l'écouter trancher les questions litigieuses, sans cependant se permettre de donner un avis.

A notre aspect, le férik se leva et nous tendit la main : nous eûmes alors un spécimen de cette courtoisie orientale si exquise qu'elle en semble exagérée. Le férik dit à ma femme : « Je suis heureux de votre visite. Permettez-moi, pendant quelques minutes, de me croire votre père : votre aspect ne me troublera plus, et je jugerai sainement ». Au juge-consul Coince et à moi, il dit : — à M. Coince : « Si une cause difficile se présente, j'appellerai votre sagesse à mon secours et vous ne pourrez me refuser votre aide, puisque vous êtes venu me voir »; à moi : « Vous êtes prince dans votre pays! vous deviez juger à ma place et moi vous écouter sur la tête, les pieds en l'air. »

J'avoue que me trouvant le moins bien partagé, je fis la grimace. — Le férik se tourna vers Nataf.

— Mon enfant, dit-il, tu es jeune. Qui sait la destinée que Dieu te réserve? Tu commences bien, puisque tu te trouves en contact avec des gens comme ceux que tu accompagnes.

Calme et digne, il se rassit et fit signe à un zaptié. Une seconde après, deux nomades poussés par le gendarme, apparurent au bas du degré, et la justice, interrompue un instant par notre introduction, reprit son cours.

A l'entrée des nomades, la physionomie de Sidi-Selim, qui m'avait d'abord paru insignifiante, puis obséquieuse, pendant qu'il nous débitait des compliments, se modifia du tout au tout. Les yeux rayonnèrent, le visage prit une expression de bienveillance paternelle, l'attitude devint imposante et méditative à la fois. Il passa la main dans sa barbe, ce qui chez les Arabes est un signe de puissance, et se mit à écouter avec attention les plaideurs amenés en sa présence.

Il y a dans tout cela un grand caractère de dignité, et je compris le sentiment de profond respect qui, malgré le peu de magnificence du décor, saisit, me dit-on, les plaideurs et les accusés qui pénètrent dans ce temple de Thémis. Les deux nomades soumettaient au férik une question de litige : l'un devait de l'argent à l'autre pour un travail exécuté. Quant ils eurent expliqué leur affaire en criant à qui mieux mieux, le férik leur conseilla de s'entendre à l'amiable et de revenir dans huit jours s'ils n'y réussissaient pas. Puis un mari vint supplier en faveur de sa femme, détenue pour avoir porté dans la rue des souliers vernis (1). Sidi-Selim fit un signe en souriant : c'était l'ordre d'élargir la femme. De nombreuses causes, fort insignifiantes pour la plupart, se présentèrent ensuite; le férik les résolvait d'un mot, parfois d'un geste, avec une singulière rectitude de jugement. La femme d'un gendarme, ayant emprunté des vêtements à une voisine, oublia de les lui rendre. Amenée devant le férik, elle vint plaider sa cause accom-

(1) La loi interdit aux femmes mariées de porter dans la rue des souliers vernis.

pagnée de son mari. Sidi-Selim fronça les sourcils, et au moment où le gendarme ouvrait la bouche pour défendre sa moitié, lui imposa durement le silence.

— Comment! dit-il, toi, un gendarme, c'est-à-dire le représentant le plus direct de l'autorité, tu permets que ta femme soit accusée de ces choses-là, et tu oses venir la défendre! Va et paye, si tu ne veux pas recevoir la bastonnade; ta femme est coupable dans tous les cas. Elle ne devait ni voler, ni perdre, ni même emprunter des vêtements.

Il était une heure et demie; Nataf nous avertit que Sidi-Selim allait prononcer la prière et qu'il était temps de nous retirer.

Pendant que ma femme prenait congé de l'aimable fonctionnaire, je ne pus m'empêcher de dire à M. Coince :

— C'est grand dommage que nous n'ayons pas eu la chance d'assister à des procès plus graves, et surtout que nous n'ayons pas vu appliquer la bastonnade.

Le férik demanda ce que je disais au juge-consul, et quand il l'eût su, il éclata franchement de rire.

— Vous serez satisfaits, dit-il.

Il donna, en souriant avec bonté, un ordre à deux zaptiés; aussitôt les gendarmes se dirigèrent vers la cour où plaignants et accusés étaient assis pêle-mêle à terre, et se mirent à leur parler avec volubilité ; une seconde après, ils entraînaient un grand nègre vers le coin aux exécutions et le jetaient par terre. Nous crûmes comprendre l'intention du férik, qui avait simplement ordonné aux gendarmes de donner la bastonnade au premier venu. J'avoue que la bonne opinion que j'avais eue du gouverneur subit une légère atteinte. Quant à M. Coince, toutes ses idées de magistrat se révoltèrent à cet aspect ; il courut aux gendarmes, agitant les mains et criant avec indignation :

— Ah ! par exemple ! cela ! non ! jamais !

Mais quand nous fûmes auprès du nègre terrassé, nous lui vîmes une figure si réjouie que nous nous arrêtâmes, interdits. Un homme enchanté de recevoir la bastonnade est un spectacle tellement anormal que nous en demandâmes tout de suite l'explication. Or, il résulta des réponses, que le férik avait envoyé les gendarmes à la recherche d'un homme de bonne volonté, disposé à se faire administrer quelques coups de rotin sur la plante des pieds, en vue d'une récompense, que selon les prévisions du brave gouverneur, nous n'hésiterions pas a décerner au patient. C'était la perspective de cette récompense qui dilatait les traits du nègre. Étant donnés les usages orientaux, rien de plus simple. Je rendis immédiatement mon estime au férik : M. Coince lui-même sentit ses scrupules s'évanouir et laissa faire en se voilant la face. On passa les pieds du nègre dans un nœud coulant adapté à un bâton pendu au mur : un des zaptiés, à l'aide d'une trique en bambou, lui appliqua un maître coup sur la plante des pieds : le nègre, sans cesser de rire, poussa un léger gémissement, M. Coince, sérieusement révolté, ne voulut pas permettre au zaptié d'abaisser une seconde fois la trique, déjà levée à cet effet, et je donnai trois piastres (2 fr. 50 c.) au supplicié, qui hurla de joie. Nataf nous fit observer que ce serait avec bonheur que tout prolétaire tunisien se ferait administrer la bastonnade à un karroubbe le coup ; or une piastre représente 24 karroubbes ; nous eussions pu pour le prix jouir du spectacle soixante-douze fois. Comme nous n'éprouvions nullement ce désir, nous sortîmes du Dar-el-Bey en renouvelant au férik nos remerciements pour son obligeance.

Au bas de l'escalier, nous jetâmes un coup d'œil à la prison préventive, hideux cloaque bondé de prévenus, et nous sortîmes très étonnés de rester sous l'impression de déférence que la dignité arabe avait réussi à nous inspirer, malgré les choses singulières que nous avions vues.

La justice du bey est entourée d'un tout autre prestige.

Le Bardo, si souvent décrit par les voyageurs, — assemblage de palais, sorte de ville située à six kilomètres de Tunis — est défendu par une muraille crénelée destinée à protéger l'habitation principale du bey régnant. Les murs sont blanchis à la chaux, à l'instar de ceux des autres maisons tunisiennes; des portes à pont-levis servent d'entrée à cette demeure royale, fortifiée d'une façon très primitive, mais suffisante pour inspirer le respect aux caravanes qui passent sur la grande route. Un palmier, l'unique, je crois, de la campagne de Tunis, croît au fond du fossé.

L'intérieur du Bardo renferme des rues relativement régulières, ornées de boutiques réservées à l'usage exclusif du bey, de sa maison, et de son entourage: les maisons servent aux ministres et employés qui doivent se trouver perpétuellement sous la main du souverain. Les jours ordinaires, le Bardo est silencieux : quelques soldats se promènent dans les rues désertes, mais la cour du palais est vide de courtisans, car le bey habite une petite villa située en dehors des murailles à quelques toises du fossé, et laisse le grand palais à sa femme légitime, la beya, qui comme toutes les femmes d'Orient, se confine dans le mystère du harem. Les grands appartements, assez luxueux, la salle du trône, ornée des portraits de tous les souverains de l'Europe; le salon des glaces, vaste chambre tapissée en entier de petits miroirs; la salle du conseil, de la justice, etc., etc., sont livrés à la curiosité des étrangers. Quelque nègre en haillons, ou un gros officier de la garde habillé de rouge et galonné d'or, qui bâille en attendant l'heure d'être relevé, traversent à peine de temps à autre l'escalier des géants et la cour à colonnes.

Le samedi, jour désigné par le bey pour rendre la justice, le Bardo change comme par enchantement. Sur la route, des piétons, des cavaliers, des voitures se dirigent vers la résidence. Les rues s'animent de soldats qui bavardent avec les boutiquiers. La première cour est pleine de chevaux, de mules, de voitures appartenant à tout ce qu'il y a de riche et de grand à Tunis ; dans la cour principale, il n'y aurait pas de place pour une aiguille, tant elle est remplie d'Arabes théâtralement drapés dans leurs burnous. La foule monte et descend les marches, encombre la cour, les galeries, et couvre même parfois de son blanc voile la tête énorme des lions de pierre accroupis au pied de l'escalier des géants.

Tout à coup la foule se dédouble et se range le long des murs. Des fantassins, avec des souliers jaunes aux pieds — ce qui leur donne une tournure fantastique — se placent en haie au centre de la cour latérale que l'on aperçoit à travers une voûte. Le souverain vient de pénétrer au Bardo. Les chambellans trient la foule. Ils indiquent aux curieux une issue vers la salle de justice, dirigent les plaidants vers une autre porte et avertissent les femmes de se retirer. La loi interdit à une femme de se trouver en simple curieuse au tribunal du bey, et, malgré les politesses dont nous étions l'objet, la princesse Lubomirska ne put, même en s'adressant directement au souverain, obtenir une exception a la règle.

Les tambours battirent aux champs. Le bey suivi de tous les ministres et des membres de sa famille apparut à une des portes. Le *bachamba* (nomenclateur) le précédait en criant :

— Le prince vous salue au nom du prophète.

Des officiers richement vêtus tirèrent leurs épées. Les soldats présentèrent les armes. Le bey salua légèrement et traversa la cour. Un autre cortège, qui apparut presque aussitôt, fut reçu avec le même cérémonial, à l'exception cependant du salut prononcé par le nomenclateur. Ce cortège entourait le premier ministre, vieillard boiteux du nom de Mahommed Kasnadar. Un interprète, attaché par le bey à nos personnes, nous introduisit dans la salle où se trouvaient déjà réunis les scribes, assis sur des sofas rouges, au bas de l'estrade du trône. A la porte, la foule des prévenus, des plaignants et des curieux était contenue par quelques gendarmes. A gauche se trouvait une balustrade réservée derrière laquelle on nous indiqua nos places. Le trône — exhaussé sur un escalier à deux marches et se repliant à volonté, pour permettre au souverain d'y monter facilement, — était encore vide. A peine fûmes-nous introduits, que les ministres, les princes Husseinites et les favoris vinrent se ranger des deux côtés du trône dans l'espace vide laissé entre l'escalier et les scribes. Tous étaient en grand uniforme et portaient la croix du Nisham, suspendue à leur cou.

Le bachamba entra en criant :

— Le prince vous salue tous et va vous rendre justice.

Le porte-pipe du bey entra ; il tenait à la main une pipe dont le tuyau, orné de diamants, était d'une longueur démesurée. Derrière lui venait le bey. Un chambellan déploya l'escalier. Le prince monta un degré, se tourna vers nous, salua avec courtoisie, monta l'autre degré et s'assit sous l'éblouissant soleil d'or qui sert de dais au trône.

Le serviteur de Dieu glorifié, celui qui met en Dieu toute sa confiance, le mouchir Mohammed-es-Sadok, pacha bey, possesseur du royaume de Tunis (1), est un bel homme très brun aux yeux noirs et brillants, à la physionomie imposante et bienveillante à la fois. Rien de plus majestueux que ce souverain omnipotent, assis au-dessous d'un soleil d'or sur une estrade élevée, l'immense

(1) Tel est le titre du bey de Tunis.

pipe à la bouche, se caressant la barbe avec une dignité superbe. Ce qui semblerait ridicule en France est imposant à Tunis, je vous assure.

Cependant les plaignants s'approchaient du degré, — qui, comme chez le férik, ne peut être franchi par les justiciables, — s'inclinaient très bas et exposaient leurs griefs.

Nous entendons des Arabes déguenillés, des Juifs sordides, soumettre au souverain leurs petites dissensions. La loi est formelle : tel Tunisien qui a donné sa confiance au bey plutôt qu'au férik peut s'adresser directement au magistrat suprême (1).

Le bey sur son estrade est éloigné de ses sujets : il lui serait malséant d'avoir l'air de se pencher pour écouter ; c'est le gros bachamba qui répète les paroles des plaignants d'une voix grasse mais éclatante.

D'un mot ou d'un signe le bey tranche la question ; les mots et surtout les gestes ont ici une signification très grave ; il y a surtout un geste qui consiste à tourner la main droite la paume en haut et d'en couper l'air : c'est tout simplement l'ordre de trancher une tête. Comme le bourreau se trouve toujours quelque part dans la salle, qu'il fait son office dans n'importe quelle cour du Bardo, que l'exécution suit immédiatement la sentence, il ne

(1) Mais il ne peut en appeler du verdict du férik.

s'agit pas de plaisanter avec un tribunal pareil. Cependant les cas de mort sont rares : Mohammed-es-Sadok est certainement le plus civilisé des beys de Tunis depuis bien des siècles.

Après avoir jugé une dizaine de causes qui n'entraînaient ni la mort ni même la bastonnade, le bey fit un signe ; le bachamba cria :

— El afia ! (La paix).

Mot sacramentel qui clôt les audiences. Mohammed-es-Sadok se leva, nous adressa un nouveau salut, et rentra dans le mystère de sa vie quotidienne.

Mais il faut que toute médaille ait son revers, toute solennité son côté grotesque. Nous aperçûmes en sortant du Bardo, un homme habillé de rouge, placé ostensiblement sur notre passage de façon à provoquer notre admiration, souriant et se frappant la poitrine de ce geste qui veut dire :

— Oui, c'est bien moi !

C'était le bourreau, dont j'avais vu le portrait très ressemblant dans un journal parisien.

On voit que la justice se rend ici autrement que chez nous ; aussi les étrangers domiciliés à Tunis relèvent-ils de leurs consuls respectifs, qui assistés de juges-consuls, forment un tribunal, chargé de juger les différends entre leurs nationaux, selon les lois du pays qu'ils représentent. Lorsque le procès a lieu entre un Européen et un indigène, la cause peut venir devant le ferik ou le bey, mais l'Européen, dans ce cas, est accompagné par un cavass de son consulat, envoyé pour avertir le magistrat tunisien qu'il s'agit d'être juste. Malheureusement l'équité intrinsèque n'est pas de ce monde ; les autorités tunisiennes savent ce que pèse le bras européen et donnent presque toujours tort à l'indigène, qui aime mieux par expérience le tribunal du consul, que celui de son propre magistrat.

Cette façon arbitraire et personnelle de distribuer la justice est-elle, en réalité, absolument pernicieuse? Nous ne saurions répondre catégoriquement. Un soir, à une réunion où je me trouvai, je faisais remarquer les inconvénients de la procédure tunisienne à un personnage maure haut placé.

— Un seul juge! disais-je, quelle source de vénalité! les ministres vendent au plus offrant le droit de prononcer des sentences! Dépendre du caprice, de l'humeur, de la santé, des affaires d'un seul homme. Quel déplorable sort! Car enfin, de deux plaideurs, celui qui a raison, peut être intimidé, bègue, insolent; son adversaire en revanche, est beau parleur, logique, adroit. Celui qui réussira le mieux à persuader votre magistrat se trouvera avoir raison : il lui suffira de plaire pour obtenir gain de cause.

— Eh ! Sidi! répondit le Maure, la justice n'est-elle pas, en Europe, vendue par les États qui en font commerce! Combien de papier timbré usez-vous à n'importe quel procès! A qui rapporte le papier timbré? A l'État. Et les charges des huissiers, avoués, notaires?... Allons donc!... Chez nous, l'homme riche paie les représentants de notre seigneur le bey, mais le pauvre obtient justice sans dépenser un sou. Chez vous, un pauvre ne peut pas plaider sans déposer une provision, une caution, que sais-je? Tu dis que nous dépendons du caprice d'un homme? ceux qui approchent le bey et les ministres, certes oui, et c'est le revers de leur médaille. Mais les pauvres, les travailleurs, les petits et les moyens, c'est autre chose! Le souverain, les gouverneurs et le férik s'efforcent d'être d'une scrupuleuse équité envers eux. A quoi leur servirait le contraire? Évidemment nos magistrats sont sujets à erreur, mais les vôtres ne se trompent-ils jamais? Et dans une chambre civile ou correctionnelle, trois juges décident d'une cause à la majorité d'une voix. La différence est-elle donc si grande? Crois-tu que l'homme parvenu à la dignité de férik, ne vaut pas deux individus choisis presque au hasard dans une population de 38,000,000 d'âmes? Crois-tu que la santé et les affaires de vos magistrats n'influent pas sur leur résolution? Une condamnation en police correctionnelle a une autre gravité chez vous que quelques coups de rotin appliqués sur la plante des pieds d'un Arabe. Va! j'ai été à Paris, et j'en suis revenu ébloui, mais non convaincu!..... Tu dis encore qu'un trompeur habile a parfois raison contre un honnête homme maladroit! C'est une éventualité évidemment possible, mais si elle froisse tellement la vraie justice, comment ne modifiez-vous pas vos propres institutions! Ce sont des avocats salariés qui plaident devant vos juges. Un avocat inhabile demande moins d'argent qu'une lumière du barreau, et c'est chez vous que le plus riche a toujours raison!

J'avoue que je ne trouvai pas grand'chose à répondre à ce dernier argument.

Les écrivains publics, les scribes, le bachamba et les zaptiés jouent à Tunis les rôles de procureurs de la République ou d'avocats, mais les Arabes ont généralement la parole facile et la plupart des plaignants et accusés se défendent eux-mêmes.

La peine de mort, les galères, la prison, les amendes et la bastonnade sont les châtiments infligés aux coupables. Le genre de mort varie selon la race des condamnés. Les Turcs et les Koulouglis (1) sont étranglés à l'aide d'une corde de soie imbibée de savon; on décapite les Maures et on pend les Arabes nomades et les Juifs.

La première fois que, désirant faire plus ample

(1) Fils de père turc et de mère mauresque.

connaissance avec les Tunisiens, je passai le seuil d'une maison indigène, mon orgueil européen fut révolté quand je vis le maître de la maison nous examiner préalablement à travers une lucarne, tirer avec précaution les verrous, et, après avoir salué mon introducteur, indiquer un banc circulaire adossé au mur du vestibule et nous demander cérémonieusement :

— Qu'y a-t-il pour votre service ?

Je reçois mes amis au salon, mes fournisseurs dans mon cabinet, les fâcheux et les mendiants, les gens enfin dont je ne me soucie pas, dans l'antichambre. Après avoir fait mentalement ce raisonnement, j'en conclus que j'étais mal accueilli.

Rien n'était moins vrai cependant. Le Tunisien nous recevait selon la coutume du pays. Autrefois livré au caprice du plus fort, aujourd'hui encore sous la dépendance absolue d'une fantaisie du bey ou de ses ministres, le Maure s'évertue à dissimuler son aisance pour ne pas exciter la convoitise de ses supérieurs. De là, construction de maisons dont la façade donne sur une deuxième ou troisième cour, et qui ne présentent aux yeux, du dehors, qu'un enclos, laissé avec intention dans un état de délabrement absolu. Le passant qui longe à cheval cette masure, s'en détourne avec dégoût et ne songe pas à inquiéter le propriétaire qui vit tranquillement à l'abri des envieux. Derrière la troisième cour, entouré de ses eunuques, de ses esclaves et de ses femmes, le Tunisien allume des lumières dont l'éclat ne traverse par les trois murailles, et se livre à des orgies de nuit où les rires se mêlent au cliquetis des verres pleins du liquide défendu par Mahomet. Le *chez soi*, *l'at home* d'un Maure est impénétrable. Ses femmes, ses eunuques, ses esclaves favoris ou des amis intimes (de condition inférieure, ayant tout à redouter ou à attendre de lui) invités à causer et à voir des danseuses, sont les seuls êtres qui dépassent le vestibule. Le cabinet de travail, la chambre des repas et le salon sont fermés à tout étranger, surtout juif ou chrétien. Ces trois pièces, aussi indispensables que le *patio* à une habitation aisée, ne s'ouvrent de jour que si un grand personnage musulman vient visiter le propriétaire. Cela arrive rarement. Les grands personnages, s'ils ne sont pas chez le bey, vivent entourés de leurs clients et ne se dérangent guère pour visiter les particuliers. Cependant, un ministre protecteur ou parent, peut manifester le désir de voir l'intérieur de son protégé, et alors celui-ci s'évertue à éloigner de ces yeux sérénissimes tout objet de prix. A l'exception des favoris du bey, qui n'ont à redouter personne, les Tunisiens meublent plus que modestement les pièces de réception et entassent leurs richesses dans les chambres réservées au harem, asile inviolable et sacré pour un musulman de tout rang.

Il est très rare de rencontrer un Maure chez lui. S'il n'est pas allé s'asseoir dans l'antichambre d'un des ministres, il se promène au bazar ou à travers les rues. Quelques rares affaires, la flânerie et le café occupent la journée. La nuit venue il se retire au harem ou envoie chercher des almées qu'il fait danser dans les appartements du sérail.

Cette existence de paresse et de corruption est entre-mêlée d'actes de dévotion exécutés régulièrement cinq fois par jour, au moment où le *muezzin*, du haut des deux cents minarets de la ville, termine son appel par la phrase sacramentelle. *La Allah illahoullah Mohammed raçoul Allah!!* Alors, ceux qui sont dans les rues vont à la mosquée, ceux qui sont chez eux exécutent ablutions et prosternements en y associant leurs visiteurs. Le pâtre sur la montagne, le marchand au désert, le laboureur dans la plaine, en entendant ce cri vibrer au-dessus de toute la terre musulmane, interrompent, qui son labeur, qui sa marche, qui sa méditation, et tournant leur visage vers l'orient, invoquent Mahomet, flambeau de l'Islam, prophète aimé de Dieu. C'est surtout au coucher du soleil, heure où l'omission de la prière devient un grand péché, qu'il est curieux de traverser la campagne de Tunis. A tout instant, au pied d'un sycomore ou d'un olivier, derrière un mur en décombres, au milieu d'un sillon et côte à côte avec les bœufs, on voit des groupes d'Arabes prier, le front incliné vers la Mecque. Les uns portent le burnous blanc, si éclatant sous ce soleil quasi tropical, les autres un costume biblique, si bien conservé, qu'on se croirait au temps où Jacob gardait les troupeaux de Laban. Ces silhouettes se courbant en cadence, ces mains jointes et ces fronts pensifs, ont à ce moment triste où la nature jette sa robe de jour pour revêtir son manteau de nuit, un aspect grandiose et saisissant. L'homme de ces climats, moins orgueilleux que nous, s'unit à la nature pour chanter, sans fausse honte, les louanges du Très-Grand, Très-Haut, Très-Miséricordieux.

La journée d'un Arabe, malgré son désarroi apparent, est réglée comme un papier à musique et tout aussi uniforme ; le matin : prière, ablutions ; flânerie et bavardage toute la journée : trois autres oraisons ; au coucher du soleil, prière ; la nuit, orgie. Quant à manger, l'Oriental en général et le Tunisien en particulier n'ont pas d'heure fixe pour ce faire. Ils avalent un fruit, un bonbon, un gâteau, rongent une tête de mouton grillée, chez eux, au café, au restaurant, dans la rue, boivent force tasses de café, et se portent admirablement malgré cette étrange hygiène.

Puisque nous sommes sur ce chapitre, disons que les restaurants sont représentés par des trous, où des mets sans nom cuisent sur des réchauds portatifs. Le chaland passe, pince une bouchée de n'importe quoi, jette sur le comptoir quelques karroubbes et continue son chemin en grignotant l'emplette. Les cafés sont des hangars très sombres avec des bancs couverts de nattes, un grand chaudron plein de café, des tasses microscopiques pour le servir, un homme occupé à le verser, un autre, porteur éternel d'un charbon destiné à allumer les pipes. Pas de rafraîchissements ; du café, rien que du café. Dans d'autres établissements, quelques planches clouées dans le coin le plus obscur forment une estrade réservée aux danseuses publiques. Ces cafés possèdent une table et un damier. Le cafetier fournit aux consommateurs des cartes graisseuses. Ce sont des lieux de plaisir fréquentés, mais rares à Tunis, où on se défie des superfluités de la civilisation.

Au lieu du drapeau blanc qu'il agite tous les jours en appelant les croyants à la prière, le *muezzin* déploie le vendredi un drapeau vert, le vert étant la couleur aimée du prophète, et le vendredi le jour férié de l'Islam. La population marchande se compose de chrétiens, de juifs et de musulmans. Le vendredi précède le samedi, sabbat des Juifs, qui précède lui-même le dimanche : de cette façon à Tunis, il y a trois jours de fête par semaine. Les musulmans, au lieu de profiter de l'absence des juifs et des chrétiens, ne peuvent s'empêcher, à l'aspect d'une boutique fermée, de faire de même

Musicien d'un café de Tunis. — Page 44.

chez eux. On n'a aucune idée de la facilité avec laquelle un Maure ferme sa boutique. Un ami qui passe et l'appelle au café, une promenade, le spectacle d'un jongleur, suffisent pour faire lever le marchand du sofa sur lequel il est assis au milieu de ses denrées. Il abaisse sa devanture, tire les verrous et file sans faire la moindre attention aux acheteurs entassés dans les rues du bazar. Le jeudi, les boutiques, très achalandées, sont souvent abandonnées par leurs propriétaires qui vont se faire raser, en priant les voisins de surveiller les voleurs, mais sans aucune indication quant aux clients. Un marchand auquel je faisais sentir les défectuosités de ce système, me répondit :

— Ceux qui ont besoin de mes marchandises attendront mon retour ; les autres ne servent qu'à me déranger inutilement.

Cette indifférence n'existe que parmi les marchands. Dès qu'il s'agit de plaire à un grand, ou d'obtenir une distinction, le Maure le plus apathique devient d'une activité dévorante.

Le Tunisien, si jaloux de son intérieur, se transforme dès qu'il met le pied dans la rue ; peu lui importe alors que toutes ses actions soient publiques. Il mange, boit, fume, joue, se rase dans des boutiques sans portes ni fenêtres où tout passant peut jeter un coup d'œil indiscret. Les jeudis surtout, les boutiques des barbiers sont très intéressantes à visiter. Pendant que deux ou trois jeunes hommes montés sur des tréteaux, épilent et taillent les cheveux et les barbes, le barbier en chef rase, en la maintenant entre ses jambes écartées, la tête d'un client agenouillé par terre. Barbier et patient ne se préoccupent guère des curieux.

Les contrats entre musulmans se passent chez le cadi ou par devant des individus que l'importation de la civilisation a gratifiés du nom de notaires. Les études de ces notaires, situées dans le bazar, ne diffèrent en rien des autres boutiques, sinon qu'au lieu de tissus ou de cuirs on y voit deux vieux Arabes étendus sur deux bancs, leurs pieds déchaussés se touchant presque, d'énormes lunettes sur le nez, déchiffrant, sans doute pour se donner une contenance, de longs parchemins surchargés d'écriture. Dieu sait ce qu'ils lisent et ce qu'ils font ! Néanmoins comme il y a beaucoup de ces notaires, je suppose qu'ils se rendent utiles et qu'ils réussissent à gagner leur vie. Les avoués, agréés, huissiers, sont inconnus ici, même de nom. Les avocats commencent à poindre à l'horizon. Les musulmans n'ont recours à eux que dans des cas très rares. Un accusé se défend lui-même devant l'autorité locale ; s'il est bègue ou timide, c'est le gendarme qui, chargé d'abord du rôle d'accusateur, change de voix et s'improvise avocat pour invoquer ce que nous appelons les circonstances atténuantes. Ce n'est que devant les consuls et pour différends avec les protégés européens que les indigènes emploient les avocats-plaidants. Toutefois le bey vient d'autoriser les chrétiens à se faire représenter devant lui par leurs avocats.

Si le mot *Taleb* signifie médecin, les charlatans qui le portent n'ont aucune science, même la plus élémentaire. Ils ne vivent que de la crédulité des malheureux, car un Maure, tant soit peu aisé, s'adresse toujours aux médecins européens établis à Tunis. Les barbiers, en revanche, saignent assez convenablement, pratiquent la circoncision, arrachent les dents, et posent les ventouses.

L'hygiène est d'ailleurs excellente : et à l'exception des ophthalmies provoquées par les rayons du soleil, les maladies dont nous souffrons sont inconnues à Tunis ; il y a peu de villes d'Afrique, même du sud de l'Europe jouissant de meilleures conditions sanitaires. Les rues malpropres et les égouts béants qui exhalent de toutes parts des odeurs méphitiques, et les deux lacs salés qui servent depuis des siècles de cimetière, de charnier et de dépotoir à la ville, n'engendrent ni fièvres, ni épidémies, car le golfe est ouvert au vent, l'air est d'une grande pureté, la proximité des montagnes le clarifie encore. Les indigènes usent très fréquemment de bains, qui sont dans ces climats une excellente précaution hygiénique. On a souvent décrit les bains maures et turcs ; ceux de Tunis ne sont pas autre chose.

La population musulmane, avons-nous dit plus haut, est composée d'Arabes, de Turcs, de Maures, de Koulouglis et de Nègres. En essayant une classification, très difficile néanmoins, on pourra dire que les Turcs représentent l'aristocratie, les Arabes la petite noblesse, les Maures et Koulouglis la classe moyenne ; les nègres — affranchis par Ahmed Bey en 1837, mais qui continuent à exercer des fonctions serviles, — la basse classe. Cette distinction n'a pas la même signification que chez nous, car ici tout individu est fils de ses œuvres. Tel Arabe, tel Koulougli, tel nègre, favori du favori du bey, devient par cela même un personnage autrement important que le descendant des Abencerrages, rois de Grenade, marchand de parfums au bazar. Ce commerçant garde précieusement, dans une boîte qu'il exhibe avec orgueil, à côté de la clef de l'Alhambra, emportée jadis par Boabdil, la médaille de l'Exposition de 1867 et la croix de chevalier du Nischam. Il paraît que les Orientaux, musulmans et juifs, conservent avec beaucoup de soin leurs papiers de famille ; que Tunis compte parmi ses négociants musulmans des Merinites et des Caramanlis ; parmi ses négociants juifs des descendants directs des membres du Sanhedrin, d'Avicène, de Moïse Ben Raschi, et que musulmans et juifs ont des preuves indiscutables à l'appui.

La courtoisie la plus exquise est de rigueur dans les rapports entre musulmans ; ils s'abordent et se quittent avec des protestations dont la liste interminable ferait sourire, si elles n'étaient prononcées avec une dignité qui les fait paraître naturelles, surtout dans un pays où le proverbe *Time is money*, a tort. Les formules de politesse, adulatives, obséquieuses entre musulmans, se transforment un peu lorsqu'il s'agit d'un Européen. Un Maure vous adresse des compliments, mais il n'est plus aussi humble, et sa courtoisie native disparaît devant l'arrogance religieuse, unique orgueil qu'un Oriental ne consentira jamais à abaisser. Le titre dû à un supérieur est le mot *sidi* (seigneur). Le dernier mendiant ne dérogera jamais au point de donner du *sidi* à un Européen. Il l'appellera *arfi* (maître, mon maître). Le Musulman qui a voyagé, tout en rendant justice à l'excellence de l'état social en Europe, n'en est pas moins persuadé de la suprématie de l'islamisme sur le christianisme. Il est absolument inutile de chercher à convaincre un musulman sédentaire que les juifs et les chrétiens sont des hommes. C'est un mépris absolu, irraisonné, mais secret.

Toutefois une grande aménité règne dans les relations d'indigène à Européen et ce n'est que par la bouche des enfants, qui ne manquent jamais, malgré les horions de leurs parents, d'invectiver les chrétiens du seuil de leurs maisons, que l'on se rend compte des véritables sentiments que nous inspirons.

Le caractère des Maures est futile. Les jours où ils ne font pas d'orgie, ils se distraient à des jeux d'enfants, tels que devinettes, jonchets, etc. Cette futilité se traduit en ville par l'assemblage de couleurs voyantes dans les vêtements. Ce ne sont que burnous blancs à doublures violettes, robes de dessous rouges, pantalons de diverses couleurs, turbans à l'unisson. Tout cela se pavane, se tortille, se retourne, sourit comme des femmes coquettes. Les juifs se distinguent par leurs vêtements noirs, jadis de rigueur. Aujourd'hui ils s'habillent de noir par *modestie*. Un fait curieux à noter, c'est qu'à Tunis, au contraire des autres pays, ce sont ceux qui n'exercent aucune fonction publique, qui s'habillent de la façon la plus théâtrale. Ministres, fonctionnaires, officiers ont un uniforme mi-turc, mi-européen, consistant en une redingote noire boutonnée et en un fez, orné d'une étoile d'or chez les militaires, sans aucun ornement chez les civils.

Complètement étrangère aux indigènes, il existe à Tunis une société cosmopolite qui se réunit pour causer, jouer et danser comme dans n'importe quelle ville de l'Europe. Les consulats généraux, les consulats, les principaux négociants et quelques employés européens au service du bey, en forment le contingent. Le salon le plus fréquenté lors de mon séjour, était celui du consul d'Amérique, où les étrangers s'empressaient de se faire présenter dès leur débarquement. M. et Mme Heap (1), dont l'affabilité est devenue proverbiale en Afrique, ont vu passer dans leur habitation mauresque, aménagée à l'européenne, tous les voyageurs de distinction qui ont traversé Tunis. Le salon de Mme Wood, femme du consul général d'Angleterre, rivalise, dit-on, avec celui de Mme Heap. Pendant la saison d'hiver, ces deux dames et quelques autres donnent des dîners, des soirées, des bals, qui font oublier la patrie absente à ceux que leurs affaires appellent sur la côte barbaresque. Dans la journée, les Européens se donnent rendez-vous à la promenade de la Marine. Il fait toujours beau sous ce ciel béni de Dieu ; la société est peu nombreuse; les dames, toutes charmantes, sont affables et accueillantes ; on se voit tous les jours, on se lie facilement et le temps passe vite entre les surprises du jour et les plaisirs du soir.

(1) M. Heap a été depuis nommé consul général à Constantinople.

III

Les femmes et les harems. — Le harem du bey, du général Keir-Ed-Dinn, du général Bakkouch. — Caractère des femmes maures. — La polygamie. — Les femmes arabes. — La prostitution.

Parmi les habitants de Tunis, il est une dame dont la grâce et la beauté ont été célébrées par de nombreux voyageurs : Mme Des Montès, originaire de Constantine, femme d'un banquier espagnol. Parlant aussi bien l'arabe que le français, liée avec la plupart des grandes dames musulmanes, Mme Des Montès est la providence des européennes qui désirent visiter les harems, car elle consent à leur servir d'introductrice.

L'accès des harems m'étant en revanche formellement interdit, mes lecteurs devront se contenter de la description qui m'a été faite par ma femme, au retour de son excursion dans les principaux gynécées de la ville.

Pour être à la hauteur de l'étiquette musulmane, il faut commencer par rendre visite à la beya (femme légitime du souverain). Ce fut en effet au

Bardo, au harem du bey, que Mmes Heap et Des Montès conduisirent d'abord ma femme. A droite de l'escalier des Géants se trouve une petite porte grillée, verrouillée et cadenassée, assez habilement dissimulée dans le mur. C'est l'entrée du harem, interdite à tout homme. La beya était prévenue. Cet avertissement est de rigueur. Dans la vie ordinaire et quand elles n'attendent pas de visites, les femmes du harem vaquent à leurs occupations dans un négligé voisin de la nudité, et se promènent à travers les appartements avec une chemise bouffante pour tout vêtement.

Les visiteuses frappèrent à tour de bras contre le bois de la porte. Elles entendirent un bruit de ferraille, un grincement : un eunuque noir montra dans l'entre-bâillement sa face grimaçante, interrogea minutieusement les figures des trois dames, inspecta la cour d'un regard circulaire et ouvrit la porte.

Quelques eunuques, aussi laids et aussi noirs que le premier, rangés au seuil — afin, sans doute, de cacher l'escalier du harem au regard furtif de quelque passant — se formèrent en haie, pendant que le cerbère refermait la porte et la garnissait de son attirail de verrous : à peine ce fut-il fait, que les eunuques se mirent à monter quatre à quatre un escalier intérieur ; c'est leur façon d'annoncer. En haut de cet escalier, les dames se trouvèrent tout à coup seules au milieu d'une cour dallée, pareille aux autres cours du Bardo, à cette différence près, qu'elle était vitrée. Heureusement que Mme Des Montès connaissait la maison, sans cela, les visiteuses n'auraient pas manqué d'être embarrassées. La cour était entourée d'une galerie à colonnes servant de portique à des chambres pratiquées dans le mur. Au seuil de ces chambres, entre les colonnes et la cour, il y avait un monde de femmes, blanches, cuivrées, noires, les unes vieilles, les autres jeunes ; les unes grimaçantes et effrontées, les autres belles d'une beauté régulière, mais sans aucune expression dans la physionomie. Tout cela était chaussé de bas de coton blanc, vêtu de chemises de soie, roses, jaunes, rouges, oranges, violettes, avec des pantalons bouffants et des petites calottes sur la tête, et tout cela avait les yeux dirigés vers un même point, celui où se mouvaient les Européennes. C'étaient des tricoteuses, des brodeuses, des repasseuses, des blanchisseuses, etc. A l'exception de la matière première, achetée au bazar, et des meubles et bijoux que le maître donne, tout ce qui est nécessaire aux besoins de la vie se fait dans l'intérieur du gynécée. Les servantes de la beya sont en même temps les esclaves du bey qui peut, si la fantaisie lui en prend, les employer à ses plaisirs. Le souverain actuel n'a guère de ces caprices, et il y a au Bardo des vierges de soixante ans, achetées jeunes filles par ses prédécesseurs. Quelques-unes d'entre elles ne sont jamais montées au premier étage et ont passé leur vie dans une cour intérieure, à coudre, broder ou tricoter; les chambres qu'elles habitent n'ont pas de fenêtres, le jour leur venant de la cour vitrée, ces femmes, pour la plupart des négresses, n'ont jamais vu d'autre homme que les eunuques, le bey ne descendant pas dans les profondeurs de son harem.

Il ne faudrait toutefois pas déduire de là que la Tunisienne est malheureuse. Élevée ainsi dès son jeune âge, ne se doutant même pas qu'une autre vie pourrait remplacer celle qu'elle mène, bien nourrie, bien traitée (le musulman maltraite rarement ses esclaves), elle a une existence dénuée de plaisirs, mais vierge de secousses et de passions. Je présume qu'elle est autrement heureuse que nos femmes de condition inférieure.

Cependant, comme la jeunesse a soif de passion, la perspective de la réclusion éternelle et d'une longue virginité laisse sur les figures pour la plupart régulières des jeunes filles blanches, une empreinte de tristesse qui les accompagne dans tous leurs mouvements. Nonchalantes, résignées, elles se massent lentement sur le passage plein de froufrou mystérieux de ces femmes d'un autre monde, et, de leurs yeux de gazelle, profonds et mélancoliques, suivent longuement la trace des étrangères. Ignorantes de corps, sans l'être par l'esprit, elles ont tout entendu, tout compris, sans avoir rien éprouvé. L'expression d'effarement ordinairement empreinte sur leurs visages, se transforme à l'aspect d'une Européenne, en une curiosité vague, qui, développée par un désir ardent, une aspiration inconsciente vers l'inconnu, éclate dans les murmures qui sortent de tous les groupes. Les négresses sont plus gaies, plus bruyantes : le bey, très bon maître, renouvelle souvent son harem de noires. Elles le savent; elles savent aussi qu'elles peuvent avoir la chance, dans ce cas, d'épouser quelque serviteur du palais. Elles n'ont jamais eu l'espérance d'attirer les regards du maître, et elles acceptent plus franchement leur condition. En effet, par une anomalie étrange, le bey, très libéral de ses négresses, accorde rarement à une de ses esclaves blanches la permission de quitter son harem, — sans pour cela se soucier plus des unes que des autres.

Nos dames s'avançaient à travers la cour, vers une porte latérale, contre laquelle deux eunuques se tenaient aplatis. La cour, plus longue que large, avait des meubles, style Louis XVI. Entre chaque colonne, le palier se remplissait de femmes, qui interrompaient leurs travaux et accouraient de tous les recoins du harem, pour assister à l'audience, ne fût-ce que de loin.

Un petit escalier de quatre marches relie cette cour à un salon sans fenêtres, éclairé d'en haut, vaste, assez élégant, limité par deux alcôves, qui, se faisant face, contiennent des lits dorés, devant lesquels un large divan sert à la fois de degré pendant la nuit et de siège pendant le jour. Des fauteuils disséminés dans la pièce et deux matelas jetés à terre complètent l'ameublement. Sur le divan de gauche se tenait la beya, assise à l'orientale. C'est une vieille femme, grande et grosse, vêtue d'une chemise en soie de couleur voyante, des bas de coton blanc aux pieds, les cheveux coupés en oreilles d'éléphant; couverte de colliers, de broches, d'agrafes; les doigts scintillants de bagues. A ses pieds, plusieurs jeunes filles, ses favorites, vêtues du même costume que les autres esclaves, riaient, étendues sur le matelas. A l'aspect des étrangères, la beya se leva pesamment, fit quelques pas, rencontra les dames au milieu de la pièce, embrassa Mme Des Montès, tendit la main à Mme Heap et à ma femme, et désigna du doigt le sofa. Pendant ce temps les favorites, accoudées sur leur matelas, examinaient avec curiosité les Européennes. Quand ces dernières, obéissant au geste de la beya, se furent assises, elles eurent à leurs pieds un bouquet de jeunes filles aux yeux effarés. Les eunuques et les autres suivantes, tout aussi curieuses, formèrent des groupes aux embrasures des portes ouvertes. Ce spectacle, ainsi que l'examen préalable de la beya, — qui non contente de ses bijoux s'était fait peindre avec du kohl une gazelle sur le front et divers signes sur les bras — eut pour résultat un silence assez prolongé. La beya, femme d'humeur difficile, commençait à froncer le sourcil et à tourner le dos à demi, quand Mme Des Montès, habituée à ses manières, dit que les Européennes admiraient le luxe de l'appartement. La beya sourit à ce mensonge et crut bien faire en se faisant admirer elle-même. Elle souleva sa chemise, montra un vêtement de dessous surchargé d'or, étendit sa main ridée pour faire voir ses bagues et prononça, enchantée :

— Vilains vêtements que les costumes européens ! Vous avez l'air emmaillotées dans vos robes !

Là-dessus la conversation languit derechef. Mme Des Montès sauva la situation en demandant à visiter la chambre à coucher. La beya se leva, croisa les mains derrière le dos et se dirigea en se dandinant vers une porte de fond. La chambre à coucher est meublée à l'européenne : lit en palissandre, armoire à glace, fauteuils. Un fort beau portrait en pied du bey, sert d'unique ornement au mur. Mme Des Montès conseilla à ses compagnes d'adresser à la princesse un compliment sur la beauté de son mari. La beya se rengorgea :

— Oui, dit-elle, il est beau... et il couche toutes les nuits ici, dans mon lit.

C'était absolument faux. Depuis longtemps Mohammed-es-Sadok n'a plus de commerce avec sa femme. Toutefois, soucieux du décorum, il vient tous les jours au harem. Ses visites sont courtes, cérémonieuses. Quand elles coïncident avec les heures de la prière, le prince va réciter ses oraisons dans une chambre réservée, dont on relève les vitraux, pour lui permettre, en voyant le ciel, d'envoyer sa prière plus directement à Allah. Les dévotions terminées, le bey rentre souvent chez lui sans avoir aperçu sa femme. Naturellement personne ne songea à s'appesantir sur la vérité de l'allégation de la beya : tout le monde s'inclina gravement; des petites servantes apportèrent le café ; après quoi, Mme Des Montès, voyant que la beya paraissait fatiguée, avertit qu'il était temps de se retirer. La princesse tendit la joue à chacune des dames. Un eunuque entra et tout fut dit.

Au sortir du Bardo, ma femme leva la tête, et aperçut à une des fenêtres une figure en turban qui s'élevait et s'abaissait en cadence : c'était le bey qui priait.

La femme du général Kheir-Ed-Dinn, jeune, belle et élégante Circassienne, fut achetée, dit-on, à Constantinople à beaux deniers comptants.

Ses suivantes, presque aussi jolies qu'elle, composent le harem du général (quelques-uns disent un des harems). Elles sont ici plus gaies, plus rieuses que chez la beya. Tout en étant très amoureux de sa femme, le général n'est pas ennemi du beau sexe et une suivante peut, à la rigueur, espérer un regard. En revanche, la maîtresse de céans paraît mélancolique ; son mari exilé, est loin d'elle. Après avoir franchement admiré l'admirable coup-d'œil de ces charmantes jeunes filles, régentées despotiquement par une admirable créature (Mme Kheir-Ed-Dinn est, dit-on, une merveille), nos dames allèrent chez la ministresse de la guerre qui se trouva absente, mais où elles furent reçues par le fils de la maison, âgé de quatorze ans, âge où les enfants sont libres de circuler dans les harems. L'aménagement intérieur de ces trois gynécées se ressemble identiquement. La réception est la même, moins cérémonieuse cependant dans les harems particuliers.

Le lendemain, j'accompagnai ma femme chez le général Bakkouch, directeur des affaires étrangères. M. et Mme Des Montès nous y attendaient déjà. Pendant que les dames pénétraient au harem, je m'acheminai vers le sérail (1) avec M. Des Montès et le général.

(1) On appelle sérail l'appartement réservé aux hommes.

Tout en buvant d'un délicieux sirop de violettes Bakkouch (le Tunisien, sans contredit le plus civilisé que j'ai connu) s'excusait avec grâce de ce que les usages du pays lui interdisaient de nous montrer sa femme, et discutait politique, littérature, arts comme n'importe quel gentleman français ou anglais. Sur ces entrefaites, un serviteur vint lui parler à l'oreille. La femme du général, — qui circule librement à travers tout le palais — désirait passer avec ses visiteuses par la pièce où nous nous trouvions.

— Nous irons au kiosque, puisqu'on nous chasse d'ici, dit Bakkouch; ces dames sont au jardin; ayez l'obligeance de ne pas les regarder quand nous y serons.

Impossible de maintenir les usages de son pays avec plus de courtoisie. Nous longeâmes une des allées du jardin sans tourner la tête et nous montâmes au kiosque qui donne sur la campagne. On découvre, du kiosque du général Bakkouch, une des plus admirables vues qu'il m'ait été donné de contempler. La mer, Carthage, les deux lacs salés, la campagne couverte d'oliviers et de sycomores, semblent servir de base à l'éminence sur laquelle s'élève Tunis.

Ma femme me dit que Mme Bakkouch était fort jolie, très aimable et suffisamment civilisée. Elle se soumet à la réclusion sans l'approuver et regrette de ne pouvoir aller à Marseille où ses fils reçoivent leur éducation. Le harem du général Bakkouch est meublé et tenu à l'européenne.

La vie d'une grande dame musulmane, voire même d'une dame de condition aisée, s'écoule dans l'oisiveté la plus complète. Elle s'habille, se farde, se parfume, se peint les yeux avec du kohl, la plante des pieds et la paume des mains avec du henné (1), bavarde avec ses suivantes, dort et mange des sucreries. Ni lectures, ni affaires, ni occupations : un certain esprit d'intrigue, cependant. L'inimitié entre les deux sexes a été le résultat de la jalousie outrée des Orientaux. Malgré la réclusion obligatoire, il se présente des occasions, telles que le bain, les pèlerinages, etc., où les femmes peuvent nouer une intrigue au dehors. Ces occasions, fort rares, servent parfois de but à toute une existence féminine. La musulmane mène son intrigue avec délice, aidée par ses compagnes, qui, tout en se jalousant et se détestant, se liguent contre l'ennemi commun : le mari. Les cas d'adultère, très fréquents, ont fait dire à un auteur arabe :

— La femme musulmane sort peu, mais chaque

(1) Le henné est une plante qui donne à la peau une couleur jaune très laide à voir, ce qui fait que beaucoup de grandes dames, telles que Mmes Kheir-ed-Dinn et Bakkouch, ont abandonné cette mode.

fois qu'elle sort, c'est avec l'intention bien arrêtée de tromper son mari.

Le fait est rigoureusement vrai. Le mois du Ramadan, fête pendant laquelle les femmes jouissent d'une liberté relative, est le mois des aventures galantes. Depuis quelques années, les musulmans civilisés de Constantinople, du Caire ou de Tunis, sans cesser leur existence voluptueuse, veulent passer aux yeux des chrétiens pour monogames. A cet effet, ils choisissent une de leurs épouses qu'ils entourent d'un grand prestige et qu'ils mettent en présence de dames européennes, après lui avoir permis de porter leur nom. Cette petite dérogation à l'antique usage, cette élévation de la femme au rang de compagne, si peu réelle qu'elle est encore, a déjà porté ses fruits. Les concubines devenues épouses uniques et légitimes se conduisent irréprochablement. Pour être juste, il faut néanmoins ajouter qu'il y a des hauts fonctionnaires turcs et tunisiens qui n'ont réellement qu'une femme. Le général Bakkouch est du nombre.

Les dames musulmanes, turques et mauresques, épouses légitimes ou favorites, ne forment qu'une infime majorité de la population féminine de la régence. Autant elles sont oisives, autant les femmes arabes et kabyles sont astreintes à une existence de travail et de peine. Allant à pied pendant que leurs maris se prélassent à cheval ou à chameau, soumises aux plus rudes travaux et aux mauvais traitements, elles se fanent très vite et à l'âge de trente ans deviennent vieilles et laides. Vêtues de couleurs sombres — généralement d'une robe en cotonnade bleu foncé — elles se recouvrent du voile blanc ou noir quand elles pénètrent en ville. A la campagne elles vont tête nue et à visage découvert. Coquettes malgré leur abjection, elles se peignent les yeux et les ongles, et se dessinent au front et aux bras des figures symboliques. Le fait même de travailler aux champs, leur donne une liberté que les citadines n'oseraient rêver ; jeunes, elles en abusent parfois. Aussi passionnées que les mauresques sont apathiques, malheureuses sous le toit conjugal, méprisées, maltraitées, elles cherchent au dehors cet amour soumis et adulateur que les jeunes hommes de toutes les races accordent si volontiers aux femmes inconnues. L'ayant trouvé, elles s'y abandonnent avec fureur sans souci du danger. Les douars arabes ou kabyles, servent souvent de théâtre à des drames intimes ; souvent un amour effréné, poétique, éclos sous une tente, bouleverse une contrée. La femme arabe, soumise à son mari, devient exigeante pour l'amant, et l'amant, qui roue de coups son épouse légitime, est rempli de prévenances pour sa maîtresse.

On m'a raconté à ce sujet qu'un cadi de Seffax

vit un jour à son tribunal une femme kabyle qui lui parla en ces termes :

— Hassan était mon amant; il s'agenouillait devant moi, baisait mes pieds en pleurant, et lui eussé-je ordonné de lécher le sable que je foulais, il l'eût fait avec bonheur. Cependant il était marié et je savais qu'il battait cruellement sa femme, déjà vieille et ridée. Hassan, trop pauvre pour avoir deux femmes, était beau comme la lune. Flattée de son amour, je consentis à partager sa misère, persuadée d'ailleurs qu'il ferait exécuter les plus rudes travaux par sa première femme. Du jour où j'entrai dans sa demeure, il changea brusquement; aujourd'hui, il me maltraite et me force à travailler plus que l'autre, sous prétexte que plus jeune, je puis supporter davantage. A mes reproches, à mes doléances, il répond : « J'étais l'esclave de ma maîtresse, je suis le maître de ma femme. » Je viens, Sidi, demander le divorce. »

J'ignore si la kabyle obtint gain de cause, mais son histoire me parut piquante, sinon morale.

La polygamie est plus répandue chez les Arabes que chez les Maures. La femme coûte cher au riche et rapporte au pauvre. Un Arabe thésaurise pendant plusieurs années pour acheter une seconde femme qui augmentera de son travail le bien-être de la communauté. On voit fréquemment des laboureurs posséder deux ou trois femmes; les harems dans les villes deviennent de plus en plus rares. A l'exception des princes hosseinites, des ministres et de quelques particuliers excessivement riches, il n'y a guère d'habitant de Tunis qui peut se permettre le luxe d'un véritable gynécée. L'abolition de l'esclavage et de la traite des nègres a porté un coup décisif à cette institution. Quelques Crésus font encore venir de la Circassie des esclaves blanches à prix d'or. Quelques grands propriétaires fonciers élèvent sur leurs terres des jeunes filles, au biberon, pour ainsi dire. Circassiennes et Arabes, une fois mêlées à la population d'un harem, perdent cette foi aveugle dans la servitude, jadis si profondément enracinée parmi ces peuples. De là des exigeances, des plaintes, des difficultés. Résignées à la réclusion qu'elles croient inséparable de leur foi religieuse, les femmes veulent être bien traitées, bien nourries, bien vêtues. Le bey seul a, sur son harem, droit de vie et de mort. Les particuliers ne peuvent plus, sans enfreindre la loi, maltraiter leurs femmes. Une esclave (le mot subsiste toujours) a recours contre un maître cruel ; le férik, le bey, le gouverneur de province, la protègent et, si la vie d'un harem lui est trop à charge, elle a une dernière ressource; celle de se réfugier dans la prostitution. La monogamie a quelque chance d'être acceptée par la classe aisée; elle ne le sera pas de longtemps par le peuple.

L'Oriental est sensuel; une seule femme ne saurait le satisfaire, et les harems, en disparaissant, ont fait une large place à la prostitution, accrue en ces dernières années dans des proportions inouïes. Tunis, sur une population de 120,000 âmes, compte 25,000 prostituées; Constantine, sur 47,000 habitants en compte 15,000. On a dit que toute almée était fille publique, et toute fille publique almée. Sans contester absolument la vérité de cette assertion, je tracerai une ligne de démarcation entre ces deux classes de la prostitution. L'almée, c'est une courtisane; on l'envoie chercher; elle se laisse attendre, prier, et choisit entre ceux qui désirent l'obtenir; de plus elle possède une maison, sort voilée et se repose pendant le jour. La fille publique sait danser aussi, car la danse mauresque n'est qu'un balancement libidineux de hanches que toute femme dépravée peut facilement réussir. Le balancement doit être accompagné d'un sourire gracieux, d'un regard lascif, d'une attitude plus ou moins coquette. On devient almée, quand on a le sourire très gracieux, le regard très lascif et qu'on connaît beaucoup d'attitudes; on reste fille publique quand on n'a rien de tout cela. La prostituée exerce son métier pendant le jour; accroupie par terre auprès d'une porte ouverte, qui sert d'entrée au trou dont elle a fait son salon de réception, elle appelle les passants de la rue. L'homme qui s'est laissé séduire une fois entré, la fille abaisse une draperie qui pend au-dessus de sa porte et avertit de cette façon qu'il y a du monde chez elle.

Des rues entières sont réservées à la débauche ; à chaque seuil, à chaque pas, on y rencontre une prostituée, fardée comme il n'est pas possible de l'être ; des animaux, des croix, des croissants peints sur les joues, entre les soucils, sur le menton; les mains et les pieds nus enduits de henné, les yeux pleins d'antimoine, couverte de bijoux d'or ou de cuivre, véritable enseigne parlante de son hideux métier. Je n'aï pu visiter que le quartier interlope juif ; les musulmans sont jaloux même de leurs prostituées; lorsqu'ils voyent un Européen pénétrer dans une rue occupée par la prostitution musulmane, ils lui intiment en criant l'ordre de se retirer et il y aurait danger à n'y pas obéir.

Quant aux almées musulmanes, c'est chose complètement impossible à un étranger d'en apercevoir une, même de loin. Elles professent un profond mépris pour les chrétiens et elles risqueraient trop d'un autre côté si on apprenait qu'elles ont dansé devant un infidèle. Il faudrait beaucoup de temps, de démarches et d'argent pour en voir une des moins achalandées.

Les almées fréquentent les sérails des riches Tunisiens. Seules ou plusieurs ensemble, elles y exécutent des danses, des exercices : accroupies sur les genoux et les mains, elles se tordent, s'enroulent des écharpes autour des bras et des jambes, en se balançant dans une sorte de spasme, jusqu'au moment où elles roulent épuisées sur le plancher. Alors, le maître de la maison et ses invités luttent de générosité et collent des pièces de monnaie sur les figures, les bras, les jambes des almées, étendues, haletantes. Les Tunisiens, très jaloux de ces danseuses, usent de toutes sortes de subterfuges pour les cacher aux yeux des Européens : jusqu'ici ils y ont parfaitement réussi. Les soi-disant almées qui exercent dans les cafés maures avec accompagnement d'orchestre, dans les entr'actes d'un récit fait par un barde ou conteur populaire, ne sont que des juives, voire même des fruits secs de la prostitution européenne. Laides et fanées, sans talent, sans grâce, elles n'obtiennent aucun succès, même parmi les indigènes de la classe moyenne, qui voient toujours avec plaisir le barde reprendre sa narration interrompue.

La population féminine juive, très nombreuse dans les villes, se distingue facilement des musulmanes par son costume. Une Mauresque, même prostituée, ne sortira jamais sans voile. Les juives vont à visage découvert et se vêtissent dans la rue, à peu de différence près, comme les musulmanes dans leur intérieur ; pantalon collant, bas de coton,

Juive de Tunis. Quelques-uns prétendent que ce costume étrange et disgracieux est le véritable costume biblique. — Page 71.

chemise bouffante, bonnet phrygien à pointe recourbée. Quelques-uns prétendent que ce costume étrange et disgracieux est le véritable costume biblique. Les juives sont jolies jusqu'à l'âge de douze à treize ans, moment où elles deviennent filles à marier ; alors on les traite comme les oies de Strasbourg. L'embonpoint constituant la suprême beauté de toute Orientale, on les soumet pour les engraisser à des tortures sans nom, telles que nourriture farineuse, immobilité complète, obscurité, etc. A trente ans une juive de Tunis est un paquet de chair molle et flasque, soutenu par des jambes d'une grosseur monstrueuse. Les israélites riches ont adopté, à la réclusion et au voile près, le genre de vie des grandes dames musulmanes. La prostitution recrute son principal contingent parmi les pauvres.

A l'exception d'un très petit nombre de dames européennes de la société, les chrétiennes travaillent en qualité de servantes libres dans les harems des riches Maures ; il y a des actrices attachées à une misérable bicoque décorée du nom de théâtre Italien. Deux ou trois Françaises de la petite bourgeoisie tiennent des boulangeries, merceries, cafés et parmi les prostituées on rencontre beaucoup de Maltaises et quelques Siciliennes. En résumé la population féminine chrétienne est insignifiante.

J'allais oublier ces femmes dont l'habit est vénéré d'un bout de l'hémisphère à l'autre : je veux parler des Sœurs de charité. Respectées à Tunis comme partout, elles pénètrent, seules peut-être parmi les Européens des deux sexes, dans les intérieurs musulmans les plus mystérieux. Les Tunisiens les appellent *marabouta* (saintes femmes).

IV

Précis de l'histoire de Tunis. — Politique actuelle. — Armée. — Administration. — Finances. — Impôts. — Population. — Religion.

Strabon parle de Tunis dont l'origine se perd, sans métaphore, dans la nuit des temps. Jusqu'à la conquête musulmane, Tunis, située sous le vent de Carthage, subit la destinée de sa puissante voisine. Tour à tour vassale de Rome, ou de Byzance, conquise par les Vandales, reprise par les Grecs, elle ne vécut de sa propre existence que sous le sceptre de l'Islam. En 670, Tunis devint la capitale de la principauté mahométane de Kaïrouan, tributaire des califes de Bagdad. Les sultans de Kaïrouan se déclarèrent bientôt indépendants, mais attaqués par les Fatimites ils furent défaits et dépossédés.

Vers l'an 1010 les Fatimites furent supplantés par Aboul-Agen, chef Berbère, qui après avoir lutté de longues années contre le roi du Maroc, Youssouf-Ben-Tachfin, parvint, victorieux et vaincu tour à tour, à fonder une dynastie qui régna jusqu'en 1140, année où Abou-Abd-Allah Mohammed le

Mahadi, chef de la dynastie des Almohades, s'empara de Tunis.

Les Almohades, rois de Tunis, furent des princes éclairés : ils nouèrent des relations avec Pise, Gênes et Venise, et régnèrent tranquillement sur cette partie de l'Afrique. En 1270, les Mérinites les vainquirent et fondèrent la quatrième dynastie musulmane. Ce fut en 1249, sous un roi almohade, Mohammed-Mostanser, que Louis IX fit son expédition. Les relations de Tunis avec la France datent de ce moment et l'influence française tantôt grandie, tantôt diminuée, a su toujours se maintenir sur la côte barbaresque. Les rois de la dynastie mérinite gouvernèrent jusqu'au seizième siècle, époque où les frères Barberousse, Aroudj et Kheir-Ed-Dinn, après des phases d'échecs et de succès, chassant Muley-Hassan, dernier roi mérinite, ou chassés par l'allié de ce roi, Charles-Quint, réussirent à s'emparer définitivement de Tunis et en firent hommage au Grand Seigneur. En 1574, Sinan-Pacha prit possession de la Régence au nom du sultan Sélim III.

Les Turcs fondèrent un gouvernement d'oligarchie militaire ; le dey recevait l'investiture à Constantinople, mais cette investiture n'était que la confirmation de l'élection d'une soldatesque turbulente. Le pouvoir des deys, d'un côté contrôlé par le Divan, soumis à toutes les exigences des favoris corrompus du sultan de Stamboul, était de l'autre côté à la merci d'une révolution de palais, et sous la dépendance directe du chef des janissaires.

Ibrahim Rodosseli, élu en 1590, n'eut qu'une ombre de pouvoir qu'il résigna promptement entre les mains de Moussa, tout aussi incapable, supplanté dans l'année par Kara-Othman. Kara-Othman assit le pouvoir des deys, fonda des villes, gouverna sagement et se fit craindre des janissaires, du Divan, et des puissances européennes. Ce fut sous ses successeurs immédiats: Yousouf, Ousta-Mourad, Ahmed-Khodja, Hadj-Mohamed-Laz, Hadj-Mustapha-Laz, Hadj-Mustapha-Karakous, Hadj-Oghli et Hadj-Chaban, que le royaume de Tunis brilla de tout son éclat. Ces princes, soldats et corsaires intrépides, surent maintenir les janissaires sous une discipline de fer, et réussirent à régner sinon tranquillement, du moins avec quelque gloire.

En 1673, sous Hadj-Mahomed-Mentéchali, les beys, princes des janissaires, dépossédèrent le souverain. Depuis ce jour jusqu'en 1705 l'histoire de Tunis est une longue série de combats entre les deys et les beys, qui se termina finalement à l'avantage de ces derniers. Dans l'espace de trente-trois ans, dix-neuf deys furent renversés, exilés, étranglés, décapités par les beys. En 1705, Hussein-Ben-Ali, bey des janissaires victorieux, obtint officiellement de la Sublime-Porte le pouvoir souverain, à condition de maintenir le dey à la tête de ses ministres, avec le titre d'Excellence, et comme représentant du Grand-Seigneur. Peu à peu cette dernière distinction disparut. Aujourd'hui le dey s'appelle férik : c'est le très humble sujet du bey et le gouverneur révocable de Tunis. Cette place autrefois si brillante est maintenant occupée par ce Sidi-Sélim que nous avons vu rendre la justice au Dar-El-Bey.

Hussein-Ben-Ali est le fondateur de la dynastie husseinite qui règne encore. C'est le premier souverain à titre héréditaire ; c'est aussi le premier qui songea à s'affranchir de la suprématie politique de la Porte. Ali-Pacha, son neveu et successeur, Mohamed-Bey et Ali-Bey, régnèrent avec des alternatives de gloire et de désastre, bataillant avec les Algériens, les Européens et les Tripolitains, sans trop se préoccuper du bien-être de leurs sujets. C'étaient des princes valeureux, entreprenants, mais incapables d'administrer le royaume. Aussi quand, en 1782, Hamouda-Pacha obtint le trône, il trouva un pays en proie aux incursions des Algériens et dévasté par les deys, qui n'étaient pas encore résignés à leur nouvelle condition. Hamouda-Pacha, c'est la grande figure de l'histoire de Tunis ; c'est le prince légendaire, le justicier terrible à l'instar de Don Pédro de Castille, le monarque glorieux et magnifique comme Haroun-El-Raschid, le protecteur et l'émule des Européens, le signataire de la plupart des traités avec les nations civilisées, l'homme enfin qui, selon la tradition, invincible et invulnérable pendant trente-deux années de règne, mourut sur son trône, au milieu de l'éclat sublime de la toute-puissance, après avoir aspiré la fumée de sa pipe. En effet Hamouda fut empoisonné avec du tabac introduit dans sa pipe par un porte-pipe. Depuis, l'usage veut que les cuisiniers et les porte-pipes du palais soient recrutés parmi les chrétiens, sous prétexte qu'un chrétien, n'ayant pas d'accointances avec les hauts personnages du beylick et ne pouvant espérer d'autre récompense qu'une somme d'argent, est plus difficile à corrompre. Le porte-pipe et le cuisinier du bey régnant sont français.

Othman-Bey, frère et successeur d'Hamouda-Pacha fut assassiné après un règne de trois mois (septembre-décembre 1814) par ordre de Mahmoud-Bey ; Mahmoud, déjà vieux, gouverna neuf ans et s'éteignit en 1824 laissant le pouvoir à son fils, Hussein-Bey.

Hussein, ami de Charles X, eut le bon esprit de ne prendre aucun souci du fanatisme de son peuple, et de se réjouir franchement de la chute de son vieil ennemi le dey d'Alger. Ce fut le commencement de notre amitié avec la Tunisie. A cette époque la France voulut même offrir les beylicks de Constantine et d'Oran à des princes Husseinites. Si cette combinaison avorta, c'est que les Chambres refusèrent de ratifier le traité signé à cet effet entre Hussein-Bey et le général Clauzel. Hussein mourut en 1835. Son frère Mustapha régna jusqu'en 1837. Ahmed-Bey, son fils, personnellement lié avec le duc d'Aumale et le prince de Joinville, visita la France en 1846 et étonna Paris par son luxe oriental. Ce fut le premier souverain mahométan qui osa souiller ses pieds au contact d'une terre chrétienne. Depuis lors Paris a vu le Khédive, le Sultan, le Shah de Perse et ne s'étonne plus de rien, mais à ce moment la visite du bey de Tunis eut l'importance d'un événement.

Le gouvernement de Mohamed, cousin d'Ahmed, fut désastreux pour les finances de la Tunisie. Mohamed-Bey, prince oriental dans toute l'acception du mot, était prodigue, insoucieux et sensuel. Il dépensa en quatre années l'épargne de ses prédécesseurs, ruina le pays, augmenta la dette dans des proportions insensées et laissa à Mohamed-es-Sadok une contrée dévastée, une population écrasée d'impôts, un crédit entamé.

L'influence européenne devient de jour en jour plus grande à Tunis; autrefois un chrétien ne pouvait y pénétrer qu'au risque de la vie; aujourd'hui, non seulement le danger n'existe plus, mais encore on se sent sur un terrain solide et on bénéficie du respect que les armées françaises inspirent aux Barbaresques depuis la prise d'Alger et de Constantine. La proximité de l'Algérie, l'intérêt et la crainte ont consolidé l'influence française dans le Moghreb (*Occident*), nom que les Orientaux donnent à l'Afrique musulmane depuis Tripoli jusqu'au Maroc. A Tunis, la politique a transformé cette influence en une entente cordiale. En effet, si toutes les puissances entretiennent des consulats à Tunis, seuls, les consuls de France, d'Angleterre et d'Italie, s'y occupent d'affaires politiques.

La vieille amie du sultan, l'Angleterre, traite le bey en vassal de Constantinople et l'entrave dans toute velléité d'indépendance. Or, le bey reconnaît le pouvoir spirituel du sultan, chef de l'islamisme, en répudiant sa suzeraineté temporelle. C'était la tendance traditionnelle de ces pachas, qui, lors de la prospérité de l'empire Ottoman, furent envoyés gouverner des pays lointains et sans communication directe avec la métropole; leurs descendants réussirent peu à peu à s'affranchir d'un vasselage immédiat en obtenant l'investiture de l'hérédité dans leur famille. Les quelques exécutions sommaires et à huis clos que le bey régnant se vit obliger d'ordonner (en sa présence; dit-on, dans une cour intérieure du Bardo), eurent précisément pour cause la tentative de deux de ses ministres et parents, de replacer la Tunisie sous la domination de Stamboul, tentative considérée par le bey comme haute trahison. L'exécution déplut à l'Angleterre, et le prince fut forcé de prendre des ministres turcophiles et d'abandonner le droit de battre monnaie à son chiffre exclusif. Dans la suite, l'influence française, en s'accentuant davantage, permit à Mohamed-es-Sadok de renvoyer ses ministres, sans toutefois les étrangler (ce qui valait mieux sous tous les rapports).

Le possesseur du royaume de Tunis, tient à garder sa possession : il a vu ce que coûtaient des relations trop suivies avec la Sublime-Porte. Son voisin le pacha-bey de Tripoli, paraissant avoir oublié le sort des Karamanli, roulait dans sa tête des projets d'indépendance : il fut enlevé une nuit sur un navire turc, remplacé par une créature du grand vizir et conduit à Constantinople d'où il réussit à s'échapper. Le bey de Tunis recueillit le fugitif et lui accorda jusqu'à sa mort une fastueuse hospitalité. Le sort du prince de Tripoli fit réfléchir Mohamed-es-Sadok et le jeta franchement entre les bras de la France, dont l'intérêt exige l'indépendance de la Tunisie. En effet, il est plus commode de traiter directement avec un voisin faible que de s'adresser à tout propos à Constantinople.

Fort de la protection française, le bey s'affranchit

du vasselage; en 1876, l'unique marque de déférence qu'il accordait au sultan, c'était le salamalek (salut) adressé à travers les mers, par un maître de cérémonies, à grand bruit de tambours, de cymbales et de fifres. Aujourd'hui Mohamed-es-Sadok comprend que ses amis véritables sont à Paris et malgré l'opposition de la majorité de ses conseillers, il se laisse diriger par les consuls généraux de France. Sans souci de l'opposition anglaise, il a signé dernièrement en faveur d'une compagnie française, une concession de chemin de fer à travers tout le Beylick jusqu'à 25 kilomètres de la frontière algérienne. Toutefois, dans les circonstances récentes, Mohamed-es-Sadok, après avoir pendant quelque temps suivi les sages conseils du consul général de France, qui l'engageait à se désintéresser du conflit turco-russe, se laissa circonvenir par les agents de l'Angleterre, et commença par faire porter au Dar-el-Bey un coffre vide destiné à être rempli d'or par ses sujets, auxquels permission fut accordée de faire des sacrifices en faveur du sultan, calife et chef de croyants. Jusque-là, le mal n'était pas trop grand. Mais ne voilà-t-il pas que le bey, en l'absence du consul de France, se décida à envoyer un contingent de troupes, ce qui équivalait à une déclaration de guerre à la Russie. Les conséquences de ce coup de tête sont incalculables. Les troupes ne partirent

5.

pas faute d'hommes et de moyens de transport; mais le fait n'en existe pas moins dans toute sa maladresse.

Il est de notoriété publique sur la côte africaine, que l'Italie a jeté son dévolu sur la Tunisie. Le consul de Tunis à Bône et les gouverneurs des provinces du littoral sont depuis quinze ans occupés à empêcher des colons italiens de s'installer, sous la protection occulte de leur gouvernement, dans les îles inhabitées des Fratelli, Plane, des Chiens, etc... qui font partie du territoire tunisien. Il est de l'intérêt du bey d'empêcher, coûte que coûte, cette prise de possession anticipée. Étant donnés l'alliance Prusso-Russe, la mémoire proverbiale des Russes, et les sentiments bienveillants que l'Allemagne ne dissimule pas pour la jeune Italie, la suppression du Beylik ne saurait peser beaucoup dans la balance, et la France, malgré sa meilleure volonté, ne pourrait peut-être pas s'opposer à la décision d'un congrès européen.

Les choses ainsi posées, on comprendra facilement pourquoi les missions d'Italie, d'Angleterre et de France, sont, sur ce petit coin de territoire africain, dans un état de rivalité permanente. Jusqu'ici la politique tunisienne a suivi l'impulsion française. Dieu veuille que le gouvernement n'ait pas à se repentir d'avoir prêté l'oreille à d'autres inspirations, et que les peuples de la Tunisie, si heureux sous l'administration paternelle de Mohamed-es-Sadok, ne regrettent amèrement leur enthousiasme irréfléchi pour la cause turque.

Si après avoir examiné la politique en général, on étudie les relations plus intimes que les trois puissances ont avec le Beylick, on verra que la France, limitrophe de la Tunisie par ses possessions algériennes, est la mieux partagée. Le bey s'évertue à éviter un froissement, possible parfois, sur des questions religieuses. Le Sahara — où la frontière de Tunis se confond, faute de ligne de démarcation, avec la frontière française — est un passage très commode pour les criminels de droit commun de la province de Constantine. La loi musulmane interdit formellement de livrer un fidèle, quelque coupable qu'il soit, à la justice d'un chrétien. Le bey prouva en ces derniers temps, qu'il y a avec le ciel des accommodements. Après avoir refusé de signer un traité d'extradition, il fit embarquer sur un navire étranger tous les Algériens réfugiés dans ses Etats, et avertit les autorités françaises de la destination du navire. Au premier port appartenant à une puissance ayant traité avec la France, les individus poursuivis furent arrêtés. De cette façon, le bey, sans transgresser la loi de Mahomet, satisfit aux exigences françaises.

La Sicile, Malte, et l'Algérie déversent à Tunis le trop plein de leur population. Les Siciliens et les Maltais, tous chrétiens, donnent beaucoup d'embarras au gouvernement, par leur moralité douteuse, le droit d'appel aux consuls, et l'inviolabilité des consulats; les sujets français, pour la plupart musulmans, s'accordent très bien avec l'autorité locale. Tout cela fait que malgré les efforts des consuls d'Angleterre et d'Italie, la suprématie française à Tunis est mieux établie que dans n'importe quel pays d'Orient.

En terminant cette digression politique, trop longue peut-être pour les destinées d'un si petit pays, je dirai quelques mots des trois premiers ministres qui se sont succédé en ces derniers temps. Mustapha-Khasnadar, convaincu de connivence avec la Turquie, de dilapidation et de brigandage, échappa à la mort grâce à l'énergie de sa femme, parente du bey, qui menaça, si l'on attentait aux jours de son mari, d'ameuter la populace, en se montrant sans voile dans la rue. Le ministre déchu habite sa maison située place de Halfaouin, et n'en sort jamais, se drapant dans sa disgrâce. Mustapha-Kasnadar fut, dit-on, un seïde de l'Angleterre, ennemi de la France et de la civilisation. Kheir-Ed-Dinn-Kasnadar, son gendre, lui succéda. Il n'y a qu'une voix à son sujet. Ce fut un homme d'État, profond politique et sage administrateur. Les progrès que la civilisation a faite à Tunis, lui sont dus. Pavage des rues, route du Bardo, voies, constructions, collèges ; il établit, protégea, organisa tout. Connaissant les usages de l'Europe, qu'il avait longuement étudiée, et où il s'est retiré après sa chute, tolérant, instruit, éclairé, il déplut au parti religieux, très puissant dans tout pays musulman, et fut remplacé, sans toutefois encourir ni disgrâce, ni confiscation de biens. Il attend entreRome et Paris, que les circonstances le replacent enlumière. (1) Pour le moment, le pouvoir est partagé entre Mohammed-Kasnadar, riche vieillard très estimé, et Mustapha-Ben-Ismaël, charmant jeune homme, grand favori du bey, trop jeune encore pour occuper la première place, mais qui apprend, à la justice et à la marine, dont il cumule les ministères, à triturer les affaires de l'État. L'intelligence indiscutable de Mustapha-Ben-Ismaël fait croire que son stage ne sera pas long ; tout Tunis le considère déjà comme le successeur désigné du vieux et vénérable Mohammed-Kasnadar, et on espère que son administration sera aussi profitable au Beylick que l'a été celle de Kheir-Ed-Dinn (2).

Les voyageurs qui ont visité Tunis évaluent

(1) Aujourd'hui Kheir-Ed-Dinn est grand visir.
(2) Aujourd'hui Mustapha-Ben-Ismaël est premier ministre.

à 10,000 hommes le chiffre de l'armée régulière entretenue par le bey, et à 25,000 les nomades, etc. compris dans ce qu'on appelle l'armée irrégulière. Nous n'avons rien vu de pareil. L'armée régulière se compose, à mon sens, d'un régiment de garde de corps, de 1,000 hommes, assez bien équipés et payés quasi-régulièrement, et de 2 ou 3,000 soldats, mal nourris, mal vêtus, qui, sous le nom de garde tunisienne ou marocaine, servent de garnison aux villes fortifiées. J'ai habité Tunis deux semaines, et j'ai constaté une ressemblance si frappante entre les physionomies des factionnaires, que je suis porté à soupçonner, qu'ici comme en Perse, les soldats, une fois installés au corps-de-garde, en font leur domicile et ne le quittent qu'à l'heure de la mort.

En ajoutant à ces 2 ou 3,000 soldats 5 ou 600 zaptiés (gendarmes), troupe d'élite, chargée de la sécurité publique, on arrive à 5,000 hommes, chiffre le plus élevé auquel peut prétendre l'effectif de l'armée tunisienne. Il est vrai que ces 5,000 hommes sont commandés par plus de 1,000 officiers et de 100 généraux, sans compter les amiraux. Ce sont des serviteurs du bey et des ministres, qui après avoir obtenu le grade honorifique de lieutenant, capitaine, ou colonel, se prennent au sérieux et se croient aptes à commander les masses. Si l'on prend en considération que soldats et officiers cherchent leur pain quotidien là où ils peuvent le trouver, qu'ils ne sont ni nourris, ni logés, ni payés, on comprendra que la Tunisie n'est pas une puissance militaire, — ce à quoi, d'ailleurs elle n'a aucune prétention. En revanche, les Arabes nomades sont tous, sinon des guerriers, du moins des bandits. Dédaigneux de la mort, braves et entreprenants, ils méprisent l'autorité du bey et servent à rendre les communications à peu près impraticables dans l'intérieur de la régence. Incapables de se plier aux exigences de la discipline et par conséquent de se mesurer avec une armée régulière, ils sont pour le gouvernement un embarras, plutôt qu'un appui. L'artillerie de campagne est plus qu'insignifiante; les canons garnissent les embrasures des murailles de Tunis et des forteresses maritimes, afin sans doute d'épouvanter les vagues, les goëlands et les mouëttes. La marine Barbaresque, si formidable jadis, existe à peine de nom, c'est-à-dire qu'il y a des amiraux et un ministre de la marine, mais pas le moindre vaisseau. L'envoi du contingent tunisien au secours du sultan n'a jamais eu lieu, faute de moyens de transport.

Telle qu'elle est, l'armée suffit à maintenir un ordre relatif dans la Régence, dont la superficie est de 70,000 kilomètres carrés, et la population de 2 millions d'âmes. Cette population très hétérogène dans les grands centres, ne se compose dans les campagnes que de Berbères (Kabyles, Koboïls) de race autochthone, et d'Arabes sédentaires ou nomades, de race conquérante.

Dans les villes et particulièrement à Tunis, les Berbères ne viennent qu'en passant. Les Arabes, devenus sédentaires sous le nom de Maures, et les Turcs, forment une partie importante de la population. Les Kouluglis, les Nègres et les Européens complètent l'appoint. Les habitants chrétiens des villes de la régence sont Maltais ou Siciliens. A Tunis, il y a quinze cents Français, quelques Anglais, Allemands et Espagnols.

Tout cela s'administre en vertu du pacte fondamental, ou de traités passés avec les différents États (Belgique, Hollande, France, Angleterre, Sardaigne, Espagne, Danemark) (1). Les musulmans, sous le couvert illusoire du pacte, dépendent en réalité du bon plaisir du bey et des kaïds. Les Européens vivent sous les lois de leurs pays respectifs, que leurs consuls sont chargés de faire exécuter (Exemple : un délit ou crime commis par un sujet français, est jugé par le consul assisté du juge-consul, mais l'inculpé peut en appeler à la cour d'Aix en Provence). Les juifs, dont l'établissement

(1) Belgique 1839, — Danemark 1754, Hollande 1762, Portugal 1813, Sardaigne 1816, — Angleterre 1762, France (le dernier) 1826.

à Tunis date, selon la tradition, de la prise de Jérusalem par Titus, souffrent encore d'une situation d'infériorité vis-à-vis des Maures. Ceux qui réclament la protection d'un consulat européen (1) que la plupart des Israélites de Tunis s'empressent d'invoquer, bénéficient des lois organiques de leur pays adoptif; les autres restent soumis aux lois tunisiennes et les fonctionnaires musulmans les maintiennent dans un état de vasselage. Ils ne participent à aucun des privilèges reconnus aux citoyens mahométans; il est vrai qu'ils ne subissent aucune charge et qu'ils sont exempts d'impôts. Jadis persécutés, violentés dans leur religion, ils jouissent aujourd'hui d'une entière sécurité; la suprématie musulmane se résoud en une sorte de mépris platonique accepté franchement par les fils d'Israël. Le dernier juif immolé pour cause de religion était un fou, qui, après avoir provoqué la populace en invectivant l'islamisme, fut exécuté d'après l'ordre d'Ahmed-Bey, obligé à cette mesure par la voix publique.

Les nègres, originaires du Soudan ou du centre de l'Afrique, presque tous musulmans, sinon de naissance, du moins par conversion, émancipés de droit, esclaves de fait, sont, au point de vue administratif, confondus avec la population arabe.

(1) J'aurai l'occasion de revenir sur cette loi de protection.

*
* *

Les deux emprunts Erlanger-Oppenheim 1863, 35 millions, 1865, 25 millions) et la dette intérieure (Terkeris, 40 millions) excèdent de beaucoup le budget. Les créanciers ont exigé l'installation d'un comité Européen. Mohamed-es-Sadok accepta le contrôle avec la plus grande loyauté; désireux de se libérer, il se contente d'une liste civile de quelques millions de francs, et abandonne les revenus du Beylick à ses créanciers. Un Français, M. Leblant, employé supérieur au ministère des finances, présidait en 1877 le comité de la dette tunisienne, mission délicate dont l'éminent financier s'est acquitté, dit-on, avec une rare habileté. Le coupon de la dette extérieure n'est peut-être pas exactement soldé, toutefois la régence de Tunis n'en est pas encore à suspendre ses paiements, comme l'a fait dernièrement le pays qui prétend lui imposer sa loi.

La perception des impôts se fait d'une façon défectueuse. Les impôts principaux consistent en : 1° une capitation annuelle de 20 à 25 piastres (1); 2° dîmes prélevées sur les recettes de graines brutes ; 3° bamoun, impôt sur les oliviers, et 4° droits

(1) J'ai été à Tunis en 1877-1878. Aujourd'hui je ne saurais garantir l'exactitude des chiffres. (Note de l'auteur.)

sur le négoce (boutiques, vente de grains, bestiaux, etc.) (1). Ces impôts ne concernent que les musulmans. Juifs et chrétiens, par la raison qu'ils ne participent à aucune des faveurs du gouvernement, sont exempts de toute charge.

L'héritier du trône, le bey du camp — selon la loi turque, le plus âgé des parents du souverain régnant, — perçoit l'impôt.

A cet effet, il franchit l'Atlas, accompagné de soldats, d'officiers, de dignitaires, et récolte, pendant l'hiver, l'argent des provinces limitrophes du Sahara. En été, il s'occupe du littoral. Le cortège du prince très nombreux, ruine les pays traversés, car, en outre de l'impôt, il est d'usage que les tribus fassent des présents aux serviteurs de l'héritier présomptif; les frais de route sont considérables; tout fonctionnaire tunisien se croit le droit de rançonner le trésor; la plupart des contribuables ne livrent leur argent que quand ils ne peuvent faire autrement et il ne rentre guère dans les coffres de l'État que le tiers de l'impôt perçu, obtenu souvent après une bataille acharnée.

Le bey a encore un autre moyen de battre monnaie : c'est de faire rendre gorge à ses favoris en disgrâce. Malheureusement ce moyen ne profite pas aux finances.

(1) Il y quelques impôts que le gouvernement n'avoue pas, tel que l'impôt sur la prostitution.

On comprend qu'un pareil système n'est pas fait pour encourager l'agriculture, florissante à peine aux environs de Tunis, ni le commerce, tout à fait insignifiant. Des tissus de laine et de soie vendus à l'intérieur de l'Afrique, les *achachias* (spécialité de Tunis, calottes rouges connues en Europe sous le nom de fez, un peu d'huile, des dattes et des éponges de Seffax, voici ce que la Tunisie exporte pour une somme annuelle fort peu élevée. En revanche, les soieries de Lyon et de Saint-Etienne, les étoffes françaises et anglaises alimentent un très grand commerce de détail qui enrichit la ville de Tunis, au préjudice du reste de la régence. Ce système défectueux est impossible à modifier tant que l'industrie restera inconnue aux Arabes.

Le sol de la régence est des plus fertiles : les céréales, les arbres fruitiers des climats tempérés et tropicaux, l'olivier, le gommier, etc., y poussent sans le secours des bras de l'homme : les montagnes regorgent de minerai, la mer est pleine de corail et d'éponges. Tout cela est inexploité : les terrains sont en friche, les filons abandonnés. Allah Kerim !

Les musulmans se divisent en deux sectes : Les Sunnites et les Chiites. Tout le Moghreb, l'Egypte et la Turquie sont Sunnites. Les Sunnites (du mot

Sunna, tradition) admettent les Haddits ou sentences de Mahomet, recueillies par les disciples du prophète, surtout par El-Boukhara. Ils se subdivisent en quatre sectes : Les Améfis, les Chafais, les Malekis et les Hambilis. Les Chiites n'admettent que le Coran ; Mahomet a dit qu'il n'y avait pas d'autre dieu que Dieu, ils disent qu'il n'y a pas d'autre livre que le Livre. La majorité des Tunisiens appartient à la secte sunnite-maleki. Les Améfis sont presque aussi nombreux. Il y a à peine quelques Chiites.

Les monuments religieux de Tunis, appelés vulgairement mosquées, se subdivisent en quatre catégories. Les *Djama*, mosquées à chaires où un Ouléma prononce la prière et adresse des conseils aux croyants ; les Mesdjed, temples sans chaires exclusivement réservés à l'oraison; les Zaouïa et les Bit-El-Salad, chapelles servant de sépulture à quelque saint, parfois simplement de station préparatoire à la méditation dans une grande mosquée. Les temples de toutes les sectes de l'islamisme se ressemblent identiquement. Une voûte nue sans ornements, soutenue par des colonnes torses ou droites ; des tapis ou des nattes par terre ; une cour ou une fontaine pour les ablutions. Les principales mosquées de Tunis sont : Djama-Ez-Zitounn (Mosquée de l'Olivier) entourée d'un mur élevé, avec des colonnes de marbre provenant de Carthage et une bibliothèque ; Djama-Sidi-Mahrez, lieu d'asile dont nous avons parlé plus haut, Djama-Sidi-Yousouf, Djama-Sahab-El Tabadji ; la plus belle de toutes, Djama-Bab-Djezira.

Jusqu'à présent il a été impossible à un Européen de pénétrer dans l'intérieur d'un monument religieux. Un prince de Prusse récemment de passage à Tunis, n'a pu en obtenir la permission du bey, son hôte. Un particulier ne saurait même y songer.

Le chef du clergé s'appelle Cheik-Ul-Islam (vieillard qui connaît le droit chemin) : c'est le vicaire du Cheik-Ul-Islam de Stamboul. Puis viennent dans la hiérarchie ecclésiastique, les Imam (évêques), les ouléma (prêtres), les marabouts (saints, fakirs), les derviches et les santons (moines, ermites), et enfin les mollahs (diacres). Ces comparaisons sont approximatives, car au point de vue du clergé le mahométisme diffère totalement du christianisme. Le prêtre musulman n'est pas comme le nôtre un vicaire de Dieu, ayant droit de lier et de délier, impeccable et redouté. C'est un homme connaissant très bien le Coran, par conséquent savant ; ayant pendant de longues nuits de rêverie interprété les versets du Livre, par conséquent possédant sur la religion une appréciation plus saine que le commun des mortels ; on lui doit respect et obéissance ; mais il n'a aucune mission divine. Il est, plus qu'un laïque, agréable à Allah, voilà tout. Les marabouts, les derviches et les santons sont des fanatiques qui se torturent et se livrent à toutes sortes de macérations pour la plus grande gloire de Dieu. Les musulmans les révèrent, les croient aptes à faire des miracles, leur baisent les mains, les vêtements, ne les tuent ni ne les maltraitent jamais, mais les considèrent comme fous.

— Pourquoi faire souffrir son corps, puisque Dieu ne l'exige pas, disent-ils. Allah a obscurci leur esprit, pour qu'ils nous édifient par leur existence, et leur a accordé le don des miracles pour raffermir notre foi.

Les insensés sont à leur tour vénérés comme des saints. Le souffle d'Allah a passé sur eux, disent les Orientaux. En résumé tout fou est marabout et vice-versa. Quand les marabouts, les santons et les derviches ne sortent pas complètement nus, il se vêtissent de la façon la plus singulière. Un savant allemand a traversé les contrées les plus mystérieuses de la Régence, et pénétré chez des peuples auxquels l'habit européen était complétement inconnu, en habit noir, cravate blanche, culotte courte et chapeau gibus. Les populations le prenaient pour un derviche.

Tout homme ayant perdu l'esprit est en communication directe avec Allah et devient inviolable sous le nom de marabout. Cependant il y a des individus très sensés qui par ambition ou vocation se font derviches. Ceux-là désignent les prières, les improvisent quelquefois et exercent une grande influence sur les masses. Abd-El-Kader fut un marabout pareil.

Les muezzins, sans appartenir précisément au clergé, sont des sacristains chargés d'appeler les fidèles à la prière. Ils habitent généralement les mosquées et remplissent leur office moyennant rétribution.

Il existe sur la côte barbaresque des corporations nommées Khouans, sortes d'associations ou sectes religieuses et politiques à la fois. Surveillées en Algérie, elles florissent libres et inoffensives en Tunisie. Les Khouans (frères), sont affiliés à un ordre religieux musulman dont les rites, règles et statuts ont été dictés par un marabout fondateur, inspiré par Mohammed en personne. Ces associations sont régies par un Kralifa, général de l'ordre, vicaire du marabout susdit. Les Aïssaoua appartiennent à une confrérie fondée il y a 300 ans par un fameux saint marocain du nom de Sidi Mohammed Ben Aïssa (1), appelé vulgairement Sidi-Aïssa. Ces Khouans prétendent avoir reçu du marabout le pouvoir de charmer serpents et scorpions, lécher

(1) Mahomet, fils de Jésus.

les fers chauds, etc. Ils possèdent en réalité des secrets curieux et un indiscutable talent de prestidigitation.

Tout homme qui a fait, selon les prescriptions légales, le pèlerinage de la Mecque, reçoit le titre honorifique de Hadji et jouit d'une certaine considération. Don-El-Hadja, dernier mois de l'année, est consacré au pèlerinage de la Mecque. Autrefois, pour accomplir cette pieuse excursion, il fallait traverser la Tripolitaine, l'Égypte et la mer Rouge; comme un voyage isolé à travers ces plaines de sable, habitées par des nomades féroces et irréligieux, était quasi-impossible, les Tunisiens se joignaient à une caravane, nommée Rakeb, qui partait tous les ans du Maroc, le septième mois de l'année (Redjeb). Cette caravane forte de 6,000 hommes et d'autant de chevaux et chameaux, au moment de passer la frontière de Tunis, comptait parfois, à son arrivée sur les bords de la mer Rouge, 25,000 Marocains, Algériens, Tunisiens, Tripolitains, Égyptiens. Obligée de guerroyer avec les bandits nomades et de suivre régulièrement les prescriptions du Coran, la caravane avait un chef temporel, le Cheik-el-Rakeb, et un chef spirituel; un Marabout. Aujourd'hui le pèlerinage se fait plus simplement.

Un bateau à vapeur anglais, venu au mois de novembre dans les eaux de La Goulette, recueille

6

les pèlerins et les débarque à Djeddah, pour une somme très minime. Un seul navire peut transporter en les entassant, 5 à 6,000 pèlerins. Malgré le peu de confortable qu'il présente, ce mode de transport a été adopté par la majorité des Tunisiens. Les zélés et les dévots se joignent seuls au Rakeb, qui continue à traverser le désert avec des forces beaucoup moins imposantes que jadis.

Les Tunisiens ont le respect des morts. C'est un sacrilége non moins grand de fouler au pied le sépulcre d'un croyant que d'entrer dans une mosquée. La terre qui recouvre un mort, eût-il été le dernier des esclaves, ne doit pas être remuée. Il ne faut pas troubler un croyant dans son repos éternel. Tout musulman a droit à une tombe qui lui est propre : il ne peut en être dépossédé. Il en résulte que la campagne de Tunis n'est qu'une vaste nécropole. Les cimetières n'ont ni enclos ni haies. Les penchants des collines sont couvertes de dalles sans aucun ornement, mais avec un petit enfoncement, sorte de trou creusé dans la pierre tumulaire, afin de conserver l'eau des pluies pour les oiseaux. Les tombeaux des saints sont tenus avec plus de soin. On construit ordinairement le Marabout (nom donné à la tombe de tout saint) sur l'emplacement de la maison du pieux personnage décédé, ou s'il est mort dehors, à l'endroit où il est tombé pour ne plus se relever. Ceci explique la présence de quelques tombeaux au milieu des bazars de Tunis. Le Marabout, petite construction carrée invariablement blanche à dôme de couleur, donne son nom au village dont il est le plus rapproché : Sidi-Amor, Sidi-Bou-Saïd, etc. C'est ainsi que de nombreux villages tunisiens portent des noms d'hommes.

Les cendres de certains bienheureux musulmans ont le privilège d'opérer des miracles. Sidi-Fath-Allah, marabout enterré sur une éminence à l'orient de Tunis, fait cesser la stérilité, le plus grand des malheurs prévus par une femme musulmane.

Celle qui désire avoir un enfant doit se rendre en pèlerinage jusqu'au pied de la montagne, monter le rocher de 50 toises en haut duquel se trouve le tombeau de Sidi-Fath-Allah, réciter sans cesse pendant l'ascension le premier chapitre du Coran (Fatha), puis, après avoir imploré le saint, se laisser glisser avec une pierre plate appliquée sur le ventre. A côté du marabout de Sidi-Fath-Allah, se trouve celui de Lella-Manouba, femme qui ayant fait vœu de chasteté, a reçu le don des miracles après sa mort.

Les Tunisiens, superstitieux au possible, croient aux goules, aux génies, aux djinns, à l'astrologie, à la magie. Des intelligences intermédiaires, supérieures à l'homme, peuplent le ciel et se meuvent dans l'air. Y croire n'est pas un pêché; Mohammed lui-même en parle dans le Coran. La superstition la plus accréditée à Tunis, c'est le mauvais œil, dont on se préserve en faisant peindre sur sa porte une main ouverte, ou en portant le même emblème sur soi.

Les Juifs ont adopté cette superstition. Toutes les maisons de Tunis, musulmanes ou juives, ont une main peinte sur le mur, parfois avec du sang; une femme ne consentirait jamais à sortir sans avoir sur elle un bijou ayant forme de main. Si par hasard on a oublié ce préservatif, on peut conjurer le mauvais œil, en prononçant le chiffre 5. Les compliments sur la beauté des enfants, des chevaux, portent malheur. Si on vous présente un enfant indigène, la plus grande politesse que vous pouvez faire au père, c'est de lui cracher dessus. La salive joue un grand rôle en Orient depuis les temps les plus reculés. Jésus-Christ a opéré des miracles avec sa salive. Un Marabout qui crache sur un Tunisien lui octroie une faveur.

Après le mahométisme, c'est la religion juive qui compte dans la régence de Tunis le plus d'adhérents. Les Juifs Tunisiens sont Talmudistes-Orthodoxes. Ils célèbrent leurs fêtes, et tiennent à leur culte avec cette âpreté passive qui est le caractère distinctif de la race d'Israël. Comme les Musulmans vont à La Mecque, ils se rendent en pèlerinage à Jérusalem. Du reste, ils ont adopté toutes les superstitions de leurs maîtres et croyent aux Djinns, aux goules et à la magie.

Les seuls chrétiens ayant droit de cité à Tunis, sont les catholiques romains. Les réformés et les Grecs, tolérés, n'ont cependant ni temples ni prêtres. Les Anglais prient dans la chapelle de leur consul. Le catholicisme seul, grâce aux efforts de la France, est parvenu à une institution d'état. Il y a à Tunis un couvent de capucins, des églises et un évêque. La chapelle de Saint-Louis, aux environs de Tunis, devenue territoire français, est desservie par des moines. Enfin un collège franco-musulman, institué sous les auspices du général Kheir-Ed-Dinn et dirigé par M. Rocca, fonctionne sans provoquer trop de méfiance de la part des indigènes. Ce collège est une des curiosités de Tunis. En effet, des précepteurs catholiques-romains, en contact perpétuel avec des enfants musulmans, leur enseignent l'histoire, la géographie, les mathématiques, pendant que dans une autre pièce, ces mêmes enfants reçoivent leur instruction religieuse des Mollahs, qui leur apprennent à psalmodier le Coran. Or le Coran et la science chrétienne sont en contradiction. Malgré cela, les professeurs savent si bien s'y prendre, qu'ils inculquent les rudiments de la science aux enfants, sans trop froisser leurs opinions religieuses.

J'ai visité ce collège, tenu avec une propreté

inusitée dans ces climats, et j'en suis sorti pénétré de la grandeur de la tâche que la France a entreprise dans cette partie de l'Afrique. L'idée civilisatrice propagée lentement, sans froissement de conscience, peut arriver à un résultat bien autrement sûr que cette propagande irraisonnée de l'idée religieuse, inadmissible parfois, impraticable presque toujours en Asie et en Afrique, que l'on décore chez nous du nom de mission. Les examens que M. Rocca a bien voulu faire passer en ma présence, m'ont donné une haute opinion de l'intelligence de la plupart des petits musulmans de Tunis.

V

Environs de Tunis. — Carthage. — Insuffisance des fouilles. — La chapelle Saint-Louis. — Les moines. — Départ de Tunis.

Les antiquités de Tunis offrent peu d'intérêt. La construction plus que fragile des maisons, voire même des mosquées, ne résiste guère à l'action du temps. Les beys ont traversé l'histoire sans laisser aucune trace de leur passage. La demeure du souverain, le jour même de son décès, est abandonnée par son successeur, qui la laisse tomber en ruines. Peu à peu les ruines sont envahies par les chacals et les hyènes. Cinquante ans ont suffi pour faire de la poussière des plus beaux souvenirs de la puissance barbaresque. Je ne crois pas qu'il y ait dans toute la Tunisie un édifice datant de Hancouda-Pacha.

En revanche, à peine sorti de la ville, on commence à distinguer les ruines d'un aqueduc romain, qui traverse la campagne pour rejoindre, dit-on, celui de Zahouan. Sous ses arches, tantôt debout, tantôt écroulées et couvrant la campagne d'un tas de décombres, passent les caravanes du désert. Ces ruines se succèdent parfois sans interruption : parfois elles sont très espacées. Entre elles, la campagne piétinée par les chameaux est lisse : le temps a nivelé tout.

L'aqueduc, vu au coucher du soleil, avec ses arches interminables dont on aperçoit toujours un pan, quand on croit les voir terminées, tranche en teintes sombres sur les masures blanches de la ville et de la campagne, et semble protester contre l'existence des châteaux de plâtre, devenus le *nec plus ultra* de l'architecture arabe.

A quelques kilomètres de Tunis, on commence à distinguer un cap jaunâtre, couvert de petites pierres irrégulières, mêlées à d'autres pierres rondes : c'est Carthage...

Il serait superflu de parler de ces ruines si souvent décrites. Il n'est toutefois pas inutile de dire qu'elles ont été mieux décrites que fouillées. L'indifférence du gouvernement des beys y ouvre cependant un vaste champ aux ambitions archéologiques. Quand on songe que la journée d'un fellah est payée 1 fr. 25 c. tout au plus, que les Tunisiens sont forts et laborieux, que cent ouvriers abattraient par jour une besogne énorme à un prix relativement minime, — pour 3,000 francs, on peut fouiller le sol de Carthage pendant un mois, pour 36,000 francs, pendant toute l'année — que le bey n'a aucune prétention à la propriété des merveilles de l'art ancien, dont il ignore l'existence, on est surpris que les archéologues, si obstinés à remuer des terrains déjà exploités, ne veuillent pas se donner la peine de s'essayer sur ce terrain quasi vierge.

En effet, les quelques fouilles exécutées par M. Beulé et autres, ont prouvé que le sol de Carthage recèle les vestiges de trois époques différentes : Byzantine, Romaine et Punique.

Détruite de fond en comble trois fois, et rebâtie deux fois par ses destructeurs mêmes, Carthage doit nécessairement présenter trois couches distinctes. C'est sur les décombres que les reconstructeurs opéraient. Comme partout et toujours, on s'est servi des vieilles murailles pour les bases et les murs des nouvelles maisons.

L'exhaussement du terrain de Rome ou de Paris a pour cause l'édification des nouvelles maisons sur d'anciennes bases. En fouillant la terre sous toutes les villes âgées de quelques siècles on arrive à des vestiges souterrains d'habitation.

Les pierres de l'époque punique, trouvées à Carthage ne sont, à mon sens, que des fragments utilisés par les Romains, lors de la première reconstruction. Personne n'est encore arrivé à la couche des décombres où dort la Carthage des Hannon et des Hamilcar. La cité punique, dont il y a certainement des restes — car il est impossible, surtout, étant donnée l'insuffisance des moyens de destruction connus des Romains, de réduire une ville au ras de la terre, (1) — est à une profondeur où la pioche des savants n'est pas encore allée.

Les pierres rondes qu'on ramasse par milliers sur l'emplacement de l'ancien port (?) de Carthage, sont des pierres de fronde employées par des mercenaires, dont quelques tribus étaient troglodytes. On trouve tout autour de ce soi disant port des couteaux de silex, etc... Carthage a été ravagée tant de fois par tant de nations diverses, qu'on doute des découvertes modernes, relatives à l'emplacement de la cité punique. En effet, il est peu probable que ce coin si dévasté ait encore gardé, au ras de terre, des traces de ses habitants primitifs. D'autre part, la présence de ces pierres, totalement rondes, à côté des armes de silex, m'autorise à émettre la supposition suivante :

L'endroit appelé Carthage, port de Carthage, etc., ne serait que l'emplacement du camp des mercenaires (situé au dehors de la ville). Les armes de silex appartenaient à des peuplades du fond de

(1) L'expression : « passer la charrue sur une ville, » m'a paru toujours une menace difficilement applicable, surtout aux grandes villes, bâties comme bâtissaient les Romains.

l'Afrique, encore troglodytes, qui attirées par l'appât du gain, se sont enrolées parmi les défenseurs de Carthage. Reconnaissant, une fois mises en rapport avec des nations plus civilisées, la supériorité des moyens de défense de celles-ci, les troglodytes abandonnèrent leurs armes qui, éparpillées à terre, ne représentant aucune valeur pour les dominateurs du sol, ont pu parfaitement rester là, pendant des siècles, sans être dérangées par personne.

Je crois que la proximité des citernes ne saurait être un argument contre ma version. Les citernes auraient pu très bien être suburbaines, si elles sont de construction punique, ce dont je doute fort; si, au contraire, et c'est supposable, elles furent bâties par les Romains, lors de la reconstruction de Carthage, rien ne prouve que la nouvelle cité ait été édifiée sur l'emplacement précis de l'ancienne. Il est même probable que l'enceinte en a été sensiblement modifiée. A un kilomètre de ce qu'on appelle ici Carthage, est situé le terrain qui entoure le tombeau de saint Louis, concédé à la France par le bey. Ce terrain est, prétend-on, situé sur l'emplacement de Byrsa. Une vallée assez large et couverte de végétation sépare les deux éminences, M. Beulé, en fouillant le terrain français, y a trouvé, à une profondeur relativement insignifiante, des vestiges de constructions antiques. Après avoir extrait les pierres les plus remarquables, on a laissé à fleur de terre des ruines qui forment comme une grotte au milieu du jardin. L'ornementation des murs retrouvés par M. Beulé, différente de celle qu'on a l'habitude d'observer dans les monuments romains, ne prouve toutefois pas que ce soient des murs puniques. Même après la destruction de Carthage, les populations de la province continuèrent les traditions historiques, religieuses et architecturales de leurs anciens maîtres, que les Romains, selon leur règle invariable de conduite, ne songèrent jamais à modifier. La tolérance romaine était telle, on le sait, que la métropole adoptait les cultes des peuplades conquises, et que les colons des pays orientaux ou africains, s'identifiaient parfaitement avec les mœurs des vaincus. Il est plus que probable que les matériaux, *d'ornementation surtout*, de la Carthage punique, ont servi à l'embellissement de la Carthage romaine.

Plus loin, à 5 kilomètres à l'ouest, Sidi Bou-Saïd, ravissant village arabe, forme sur la montagne un parallélogramme quasi-régulier. Le Marabout célèbre dont ce village porte le nom, repose au fond d'une mosquée fréquentée par les dévots musulmans de toute classe. Les habitants de Tunis, de retour de ces lieux vénérés, en rapportent des médailles antiques, des fragments très remarquables, et parlent de murs, de ruines qu'on découvre aux environs, sur la route de Souk-Harras. En vérité, il serait assez difficile à un archéologue solitaire d'entreprendre des travaux de ce côté, car, si la campagne de Tunis est sûre, dès qu'on s'éloigne de la ville, on est à la merci du fanatisme et de la rapacité des habitants : néanmoins l'influence de la France, indiscutable ici, pourrait obtenir facilement pour une mission archéologique l'appui de quelques gardes du bey, escorte suffisante à maintenir en respect les populations du littoral. Comme cette excursion exigerait un temps très court, et ne nécessiterait qu'une dépense modeste, elle serait utile, ne fût-ce que pour se persuader de la vérité des allégations des dévots arabes.

Je me suis étendu si longuement sur cette question, à l'effet de prouver que les recherches tentées jusqu'à ce jour à Carthage on été insuffisantes (1). Une question historique ou archéologique ne peut être étudiée sérieusement ici, qu'en exécutant des fouilles sur un espace de 10 kilomètres de côtes, travail difficile, ardu, mais peu dispendieux et ne présentant pas de danger réel. L'avantage qu'on en

(1) Je n'ose pas, n'ayant aucune prétention d'être archéologue, m'élever autrement que dans cette note microscopique contre les assertions de tous ceux qui reconstruisent la Carthage punique en indiquant jusqu'à l'emplacement des quartiers et des rues *Byrra Megara*, le temple d'Esculape (chapelle Saint-Louis), de Vénus, etc. Je n'ai rien vu de précis dans ces pierres disséminées sans ordre.

retirerait à cette heure, serait la possession indiscutée des objets découverts, le gouvernement du Bey n'en étant pas encore à se préoccuper des antiquités trouvées dans le Beylick, antiquités dont il ignore non seulement l'existence, mais la raison d'être.

La côte Barbaresque est ouverte depuis trop peu de temps à l'activité et à la science européennes, pour qu'on jette aussi vite le manche après la cognée. J'ai entendu avancer par des personnes d'un mérite incontestable qu'il n'y avait rien à faire à Carthage, que l'archéologie n'y trouverait pas des matériaux suffisants pour compenser la fatigue et le coût d'une étude approfondie. *De visu*, je ne me suis rendu compte que d'une chose, à savoir : que le sol de Carthage, à quelques endroits, est vierge de la pioche depuis quinze siècles; à d'autres, depuis plus longtemps encore.

Ne pouvant rien démontrer de positif, et ne voulant pas, pour cause, suivre les errements de ceux qui ont fouillé ce sol superficiellement, je ne parlerai de Carthage — dont l'emplacement présumé présente aux yeux l'aspect d'une dévastation peut-être unique dans son genre — qu'au point de vue absolument descriptif. Les talus arides adossés à la mer, formés de petites pierres qui ressemblent à de la caillasse, se continuent sur un espace de plus d'un kilomètre carré, et témoignent d'une destruction systématique. Il est toutefois étrange que cette destruction exécutée, comme je l'ai dit plus haut, avec les moyens primitifs en usage à Rome, ait si complètement annihilé la ville, qu'il n'en reste pas une inscription, un pan de mur, un bras de statue. Si on prend en considération que pendant un énorme laps de temps, cette terre, refuge des pirates barbaresques, a été fermée aux Européens, que les rares conquérants, tels que Louis IX ou Charles-Quint, n'ont jamais réussi à s'y établir d'une façon durable, que d'ailleurs saint Louis et André Doria n'avaient pas plus de notions archéologiques que Sinan-Pacha, on arrive à douter absolument de l'authenticité de l'assertion de ceux qui placent à cet endroit l'emplacement de la ville punique, d'autant plus que la présence des citernes est l'unique preuve matérielle sur laquelle ils s'appuient. Pour expliquer cette accumulation de pierres, de balles de fronde, de monnaies de cuivre, des travaux, ne prouveraient-ils d'une façon certaine que la terre ne recouvre rien, auraient leur utilité, parce qu'ils élucideraient un mystère archéologique. Il y a d'autant plus lieu de s'étonner de l'indifférence des savants pour cette terre historique, que Tunis se trouve à trois jours de Marseille et à quinze heures de Malte, c'est-à-dire à portée de la France et de l'Angleterre.

On fait l'excursion de Carthage en voiture ; un

chemin parfaitement entretenu conduit de Tunis au Bardo; de là, après avoir longé la résidence particulière du bey, sorte de villa italienne enfouie dans les jardins, on traverse des champs cultivés, on côtoie les enclos des maisons de campagne — villas Keredine, Bakkouch, Hassan—et on se trouve, sur le tournant d'un chemin creux, au milieu de la caillasse, qui vous force à descendre à pied une petite pente. On aperçoit la mer devant soi ; à ses pieds les citernes, construction monumentale, d'un style purement romain. Les trous pleins d'eau fangeuse ménagés entre les colonnes sont remplis de serpents d'eau, et des pâtres errants sous les arcades du monument vous proposent des monnaies de cuivre, byzantines ou romaines, jamais puniques. Après avoir examiné les pierres des arcades, et contourné les citernes, on a tout vu. Les vestiges du pont qu'on montre dans Tunis, ainsi que les ruines du Gymnase, de l'Amphithéâtre et de la maison d'Annibal, n'ont à mon sens, rien d'authentique. Dans tous les cas, ce ne sont que des ruines de la Carthage romaine ou vandale. Cependant, je le répète encore, ma conviction intime, c'est que la plus intéressante partie des monuments est enfouie sous terre.

Le cap de Carthage est séparé de la colline de Saint-Louis par un vallon ombragé de bosquets. Les consuls de France et d'Angleterre vont en villégiature à la Marsa (ancienne Megara) — village situé au bord de la mer. Le consul français habite le palais d'un bey. Le souverain de Tunis, obligé d'abandonner, de peur du mauvais œil, la résidence de son prédécesseur, en fait le plus souvent, après l'avoir toutefois démeublée, l'objet d'une libéralité. Il arrive que le palais d'un bey décédé reste longtemps inhabité. Comme la moindre réparation ne saurait avoir que des conséquences très fâcheuses au point de vue cabalistique sur les destinées du bey régnant, l'édifice tombe peu à peu en ruines. Le cadeau dans ces conditions embarrasse celui qui le reçoit. Le cas s'est présenté pour le consulat de France, La Camilla, palais démeublé et ruiné d'Hussein, offert en cadeau par Mohammed-Bey, nécessiterait pour réparation et entretien, le triple des appointements du consul général.

En quittant le Marsa, le chemin passe au pied d'un olivier gigantesque, qui sert d'enseigne à un café en plein vent. Un chameau attelé à la margelle du puits, tire mélancoliquement de l'eau en faisant jouer la bascule ; à chaque mouvement du chameau, on entend l'horrible grincement du bois enchâssé. Nous nous asseyons sous l'olivier. Le temps est clair, autour de nous la nature s'épanouit ; le soleil, chaud, vivifiant, resplendit sur la mer bleue et l'irise par endroits ; les oiseaux chantent, les insectes bruissent, et le grincement du puits qui tranche sur l'harmonie générale ne manque pas d'un certain charme, effet de sa discordance même.

La chapelle de Saint-Louis (Byrsa?), église petite, modeste, plutôt laide que belle, juchée sur la plus haute éminence de la côte, est entourée d'un mur qui limite le terrain concédé à la France. Ce n'est pas le monument, mesquin à notre avis, qui frappe l'esprit, c'est le souvenir ineffaçable du roi chrétien, malade et vaincu, venu mourir là avec tant de dignité, que les populations musulmanes en ont jusqu'à aujourd'hui conservé un sentiment d'admiration. « C'est le plus fier chrétien que j'aie jamais vu », disait en parlant de lui un cheik d'Égypte. Cette fierté religieuse a jadis été admirée et comprise par les adversaires musulmans du saint roi. La croix qui surmonte la chapelle du cénotaphe s'élève aussi haut que le plus haut minaret des environs, et c'est peut-être l'unique église chrétienne que les yeux d'un voyageur peuvent apercevoir d'emblée en approchant d'une cité musulmane indépendante. Les Arabes et les Berbères, pleins encore de respect pour la foi religieuse de saint Louis, ne sont nullement choqués de ce sanctuaire chrétien qui leur rappelle une victoire. Le souvenir de saint Louis est une des causes de la sympathie des Tunisiens pour la France et des concessions que nous avons su toujours obtenir. L'arrivée des galères à voiles, « plus innombrables qu'au ciel sont les étoiles », les chevaliers chrétiens et enfin la contenance inflexible du roi de France, ont été le point de départ de bien des légendes, qui, après avoir dénaturé les faits, servent encore aux récits des chameliers, sous les tentes, pendant les haltes du soir.

De l'autre côté de la porte pratiquée dans le mur d'enceinte du jardin, on est en France. Les moines des missions chrétiennes sont les custodes de cette terre sainte. Dans la première cour, nous rencontrâmes le supérieur, le père Roger. Le révérend père, homme d'un vaste savoir et d'une haute intelligence, a bien voulu nous faire les honneurs de l'établissement qu'il dirige. Le couvent est modeste comme la chapelle : c'est un rez-de-chaussée attenant au mur, percé de cellules. Cinq moines et six novices y vivent en travaillant. Le père Roger s'occupe d'archéologie. Il nous a menés au fond du jardin, qui domine la côte, pour nous montrer les pans de mur, que les récentes fouilles entreprises par feu Beulé ont mis à jour. Ces ruines de murailles, de temples ou de maisons sont assez considérables, mais je doute fort qu'elles datent de l'époque punique : c'est tout au plus un vestige de la Carthage détruite par les Vandales. En revanche, le musée des révérends pères contient quelques fragments, petits en vérité, mais qui semblent appartenir à la plus haute antiquité. Ces fragments se trouvent partout aux alentours, sur la colline et dans la campagne. Les moines qui cultivent ou ceux qui jardinent, les découvrent par centaines, à divers endroits de la plaine de Tunis. Le révérend père Roger a bien voulu me faire présent de quelques-uns de ces fragments.

Nous revenons à Tunis par la rive droite du lac, détour largement compensé par la superbe vue du soleil couchant, qui se reflétant dans les eaux, colore en rouge les montagnes de l'horizon. C'est bien ici le paradis du chasseur : je n'ai jamais vu une telle abondance de gibier de toute sorte.

La nuit allait tomber quand nous arrivâmes aux portes de la ville, dont on fermait les battants ; les soldats, gardiens des remparts, tricotaient à cœur joie, désireux d'achever leur labeur quotidien ; sur les portes, la population masculine remplissait la rue d'une foule silencieuse. Peu à peu les ténèbres, s'épaississant, couvrirent la ville d'un voile d'ombres, au milieu duquel les figures drapées de blanc des Arabes, se mouvaient comme des fantômes ; leur va-et-vient majestueux et quelque peu sépulcral diminuait à vue d'œil ; quand nous touchâmes à l'hôtel, la nuit s'étendait sur la ville, devenue déserte.

C'est notre dernière soirée de Tunis. Le bateau arrivé la veille, nous attend à la Goulette. Demain, il nous faudra quitter ce coin de la terre musulmane, qui a peut-être, de tout le littoral, gardé le mieux son aspect primitif.

VI

De Tunis à Bône. — Entrée en Algérie. — La Calle. — Bône. — La Banque d'Algérie. — Les officiers. — Hippône. — Jemmapes. — La montée de l'Atlas. — Les lions. — Histoire d'un Nabab et d'un lion. — Philippeville. — Arrivée à Constantine.

Le bateau poste français, qui avait consenti à nous prendre à son bord, accosta *l'Ajaccio*, de la compagnie Valery, au moment où il levait l'ancre. Le temps était splendide : pas une ride sur la surface de la mer, pas un souffle dans l'air, pas un nuage au ciel. Le crépuscule empourprait l'horizon. Les côtes rougissaient sous l'action des derniers rayons du soleil, et changeaient de teinte, à mesure que le jour agonisait derrière les montagnes. De rouge brun, la côte devenait écarlate, puis lilas, violette, noirâtre. Une raie brune se forma bientôt, ligne de démarcation précédant les ténèbres. La mer toujours bleue, tranchait avec l'air blanc et vaporeux. Le navire cinglait vers l'Ouest et la côte passait rapidement devant nos yeux. Le village de Sadi-Bou-Saïd, plus blanc encore de nuit que de jour, étalé sur le cap sombre, semblait un spectre chargé de nous guider. Tout à coup une lumière jaillit à l'extrémité du village : elle se meut, elle vacille ; nous voyons quelque chose de blanc auprès d'elle. Nous sommes à cinq lieues de la côte, mais la transparence de l'air est telle que nous distinguons parfaitement l'Arabe chargé d'allumer le phare.

— C'est un phénomène, même dans ces parages, dit le capitaine.

L'Ajáccio est un navire à carène étroite, bon marcheur, mais rouleur au possible ; malgré le beau temps, nous dansons. Nous sommes dans des parages relativement difficiles : peu de profondeur ; des récifs, des îles plates (les îles Planes, Fratelli, des Chiens) : le capitaine ne quitte guère la dunette, la nuit devient de plus en plus opaque. Cependant la mer, phosphorescente, semble vouloir aider les étoiles à dissiper l'obscurité. Rien n'y fait : le scintillement ne saurait éclairer. Nous glissons en coupant silencieusement l'air noir et la mer jaune.

Le soleil se lève sur un rocher grisâtre, uni, pareil à une ardoise gigantesque. De grandes lettres bleues forment sur ce rocher, ces mots : « Chocolat Ibled. » Nous sommes en Algérie ; ce que nous voyons, c'est le cap Roux. La côte est boisée, des arbres ornent les falaises : napals, sycomores, mimosas, lentisques ; un exhaussement de terrain barre le chemin ; le bateau vire de bord pour stopper au fond d'une baie riante, entourée de coteaux verdoyants. L'air est si limpide qu'on distingue du pont les gouttes de rosée sur les feuilles des arbres. Une petite bourgade termine la crique. C'est La Calle, patrie des lions et des panthères, pays rêvé des chasseurs. Ces broussailles qui à perte de vue, couvrent les collines d'une verte crinière, fourmillent de fauves. Plus on avance dans le pays, plus on trouve de gibier à abattre. A mesure qu'on s'approche de Soukharras, les broussailles deviennent bois, les arbustes, arbres, et on traverse, dit-on, une forêt presque vierge.

La ville dormait encore : seul, un petit bateau se détache de terre, glisse doucement dans notre direction et nous accoste. Un officier français, pâle, jaune, étendu sur un brancard, se fait hisser à bord : à peine sur le pont, l'officier se relève et pousse un soupir de joie ; ses joues se colorent, il fait quelques pas, il sourit. C'est que *l'Ajaccio* touche seulement Bône et va à Marseille. Le pont, c'est la France. Chef du cercle militaire de la Calle, le capitaine X* va en congé de convalescence.

Cette verdure si admirable, où l'œil se repose avec tant de plaisir, n'est bonne à voir que de loin, et couve, sous son aspect si riant, des fièvres pestilentielles.

Le navire, après dix minutes d'arrêt utilisées à recueillir le capitaine, continue sa route sous un soleil radieux, et par une mer d'huile... Voilà Bône.

Un touriste ne devrait jamais quitter un pays quasi barbare que pour revenir dans une contrée tout à fait civilisée, où le manque de pittoresque est largement compensé par la satisfaction du bien-être, mais la demi-civilisation qui consiste à revêtir une ville arabe d'une mince couche d'apparence européenne, ne procure qu'un sentiment de désillusion. Venu de Marseille, peut-être me serais-je extasié sur la végétation réellement exceptionnelle qui environne Bône de tous côtés, peut-être aurais-je eu du plaisir à suivre de l'œil les burnous des quelques rares indigènes éparpillés dans les rues tirées au cordeau de la sous-préfecture française, mais venant de Tunis, l'aspect de Bône me navra. Déjà sur le bateau, j'avais eu un avant-goût de cette civilisation en travail, qui, tout en étant profitable au pays, froisse le voyageur avide de choses nouvelles. Le bateau de la Calle avait pour second passager un magnifique Arabe, au profil biblique, à la barbe noire, aux dents blanches.

— Quelque prince du désert, quelque cheik nomade du Sahara, me disais-je !

C'était le curateur aux successions vacantes du district de Bône, s'exprimant en français, style de palais.

— Les forêts du district ne sont pas encore exploitées par les chasseurs, mais bientôt on viendra poursuivre le gibier jusque chez nous, dit-il.

La première figure que nous apercûmes sur le quai — on débarque à quai à Bône, — fut celle d'un douanier : la première chose qu'on nous obligea de faire, ce fut d'aller à la Douane, pour y subir le désagrément de voir bouleverser nos malles avec une ténacité presque injurieuse. Ce ne fut qu'après une discussion de deux heures que nous pûmes quitter la baraque en bois qui sert de douane à Bône, pour nous acheminer vers l'hôtel. Grâce à des lettres de recommandation puissantes, je réussis cependant à introduire un vieux burnous et trois paires de babouches (1).

Adieu flèches, minarets, maisons irrégulières, coins obscurs et mystérieux, rues tortueuses, foule bigarrée. Un trottoir large, dallé, bordé de constructions à la Haussmann ; une rue monotone, déserte, traversée de temps en temps par un employé en casquette ou un ouvrier en blouse, puis un square, comme on en voit dans les villes de France de troisième ordre, des arcades, des boutiques, du gaz, et des échappées de vue sur des terrains vagues. Rien de plus triste que ces places froides, si fréquentes depuis quelques années dans nos villes françaises. On dirait que l'ancienne façon de se loger ne concorde plus avec

(1) Je recommande aux voyageurs d'envoyer le gros de leurs acquisitions par messageries en France : c'est ainsi que j'ai toujours procédé et je m'en suis bien trouvé.

notre manière de vivre. Tout ce que les hommes ont fait avant nous ne nous convient plus. On transforme, on modifie, on démolit! Comment rebatira-t-on?

L'hôtel d'Orient est situé sur une place qui rappelle n'importe quel chef-lieu de canton de la Nièvre ou de l'Allier. C'est une auberge de province dans toute l'acception du mot, avec son casier flétri au bas de l'escalier, ses chambres ornées de fleurs artificielles et de garnitures de cheminées en similor; son personnel d'officiers et de commis-voyageurs. Les officiers sont surtout en nombre; l'hôtel semble leur appartenir. De la cave au grenier, ce n'est que cliquetis de sabres, va-et-vient d'ordonnances, de brosseurs, choc des éperons contre les dalles. Vis-à-vis de l'hôtel se trouve la Banque; à côté un grand café; en face la rue commerçante, qui conduit vers l'éminence où se trouve l'ex-quartier arabe.

Une demi-heure après mon débarquement, je fis connaissance avec la Banque d'Algérie. Voici à quelle occasion.

Me trouvant sans monnaie pour donner un pourboire à je ne sais qui, je priai le propriétaire de l'hôtel de me changer un billet de 1,000 francs de la Banque de France: l'hôtelier s'y refusa. Je ne fus pas plus heureux auprès d'un marchand de tabac qui débite sa marchandise au coin de la place, enfin, un mercier auquel je demandais le même service, m'envoya à la Banque d'Algérie, où j'appris avec stupéfaction que les billets de la Banque de France n'avaient pas cours en Algérie et qu'on les escomptait à perte. En Italie, à Malte, à Tunis, en Egypte, partout enfin, on prend le papier monnaie français, non seulement avec empressement, mais à bénéfice. Le seul pays au monde où les billets de la Banque soient dépréciés, c'est l'Algérie !

On a essayé de m'expliquer cela : c'est une façon, paraît-il, de protéger la Société Algérienne. J'avoue que j'en suis encore à ne rien comprendre. Peut-être est-ce, comme me l'a dit un financier algérien, sans penser à mal, j'en suis persuadé :

— Que la nature dans ses dons, use du système des compensations, et que j'ai l'intelligence financière obtuse.

Pour être bizarre, ce n'en est pas moins un compliment !

Introduit par M. Allégro, consul de Tunis à Bône, au cercle des officiers, je fis connaissance d'un vieux colonel, qui parla de l'Algérie en ces termes :

— Si vous voulez vous plaire ici, fréquentez beaucoup les militaires, ne fuyez pas les indigènes, mais évitez les civils comme la peste. Tout ce qui est colon ne vaut pas cher. Si vous voulez vous bien porter, ne buvez pas d'absinthe et mangez peu ; si vous voulez conserver un bon souvenir du pays, ne vous approchez jamais trop près d'un objet qui vous plaît, afin de l'examiner. Je professe ces principes physiques et moraux depuis quelques vingt ans, et j'en suis à préférer le séjour de l'Algérie à celui de la France. Voici la troisième fois que je permute pour ne pas bouger.

La cordiale hospitalité des officiers français en Algérie, ne laisse en réalité, rien à désirer. Ne pouvant que répéter ce que les autres ont déjà tant de fois dit à ce sujet, je me contenterai de mentionner ce fait qui m'est personnel : à savoir : que jamais, à aucun des cercles d'officiers où je fus présenté, je ne suis parvenu à payer ma consommation, ni même un repas plus substantiel, si par hasard j'en prenais un.

En refléchissant que la plupart des officiers ont leur paye pour toute fortune, qu'ils reçoivent de la même façon tous les voyageurs recommandés, que ces voyageurs deviennent de plus en plus fréquents, que cette façon large de pratiquer l'hospitalité, grève le budget, pour la plupart mince, de ces messieurs, on ne peut ne pas admirer cette réponse invariable, faite à la moindre velléité de payer votre écot :

— Laissez ! nous sommes chez nous.

En effet, l'officier veut qu'on le croie chez lui. La fierté du conquérant, c'est la qualité dominante de son caractère. Il n'oublie jamais, s'il s'agit d'une petite chose ou d'une grande, que la possession du sol qu'il foule a été achetée par des fatigues sans nombre et des flots de sang, et, paraissant se douter que ces fatigues ne sont pas terminées, que le sang pourra couler encore, il veut, précisément parce qu'il ne se sent pas assez chez lui, que l'étranger le considère comme maître de la maison. Vous verrez partout, dans les rues, aux bazars, aux cafés, dans la campagne, soldats et officiers dédaigneux des pékins plus encore que des Arabes, adresser à tout le monde la parole de cette voix brève et dure que donne l'habitude du commandement, envoyer aux étrangers un sourire plein d'aménité, et leur faire avec la plus délicate courtoisie les honneurs de cette contrée dont le militaire est le maître, sinon de droit, du moins de fait.

Quelques officiers s'offrirent de nous accompagner à Hippône où nous nous rendîmes le lendemain. La route, tracée au milieu d'une végétation luxuriante, traverse plusieurs ponts en bois, jetés sur un ruisseau ombragé par des arbustes en fleurs. Les broussailles étendent leurs racines jusque dans l'eau et donnent au paysage un aspect quasi-tropical. Les ruines d'Hippône éparpillées au milieu d'un bouquet d'arbres séculaires, peu intéressantes au point de vue archéologique, datent de l'époque de la décadence romaine. Le principal charme de cette partie de l'Algérie, c'est la campagne, riche d'arbres, de fleurs, d'arbustes, de céréales. Les souvenirs sont nuls, et l'ombre de saint Augustin elle-même, disparaît devant l'absence de vestiges palpables de l'antiquité.

Une colonie française, nommée Randon — du nom du maréchal Randon, son fondateur — se trouve entre Hippône et Bône. C'est un village propre, bien bâti, en pleine prospérité. De Randon à la mer on suit, sous l'ombre incertaine d'une rangée d'arbustes tropicaux, un chemin creux qui aboutit à la Corniche. Le retour à Bône s'effectue entre la mer et les falaises : à tout moment, des échappées de vue nous arrachent des cris d'admiration.

A quelques minutes de la ville, sur une élévation verte, un camp surplombe la mer. Les régiments cantonnés à Bône s'y reposent pendant les manœuvres d'automne, au milieu de la végétation la plus abondante que j'aie encore vue.

Les réverbères qui commencent leurs lignes régulières à l'entrée de Bône, nous tirent de notre extase : nous fermons les yeux pour ne pas les appuyer, sitôt après avoir admiré les splendeurs de la nature, sur la teinte verdâtre des maisons rectilignes formant la rue qui conduit à l'hôtel.

La gracieuse obligeance du directeur du chemin de fer de Bône à Ain-Mokra nous a permis de viiter la mine de fer d'Ain-Mokra, située au sud du lac Fezzarah, à 20 kilomètres de Bône. Le wagon de service nous déposa en face de la baraque servant de réfectoire aux employés de la mine. Une allée d'eucalyptus conduit du village à l'entonnoir où on extrait le minerai. La présence de l'eucalyptus est presque une menace ; la fièvre n'est pas loin. Cet arbre à feuilles longues et grosses, est prétend-on, un remède souverain. Originaire de l'Australie, implanté par M. Ramel, et acclimaté en Algérie par M. Trottier, il jouit d'une grande réputation pharmaceutique. Il paraît que non seulement l'eucalyptus assainit les contrées qu'il ombrage, mais encore qu'une seule branche de cet arbre attachée à un chapeau, suffit pour faire traverser impunément au propriétaire du chapeau les endroits les plus malsains. Sans ajouter une foi aveugle à ces récits, je ne saurais discuter l'utilité de cet arbre dont la culture, pratiquée par le gouvernement, adoptée dans toute l'Afrique française, vient d'être essayée avec succès dans le sud de l'Espagne et en Sicile. Grand, élancé, d'un vert sombre, il sert d'ornement aux routes dont il fait des allées et se propage de plus en plus en Algérie. On prétend qu'en dehors de ses qualités ébrifuges, il est propre aux travaux de charpente et de charronnage.

A travers les feuilles des eucalyptus nous apercevons la surface irisée du lac Fezzarah couverte de flamants rouges et bleus. Au fond du tableau une famille arabe, assise sous un bosquet, grelotte la fièvre. On me dit, pour l'honneur de l'eucalyptus, que ce sont des nomades qui passent.

Les mines d'Aïn-Mokra sont d'une grande richesse. On expédie tous les ans en France plus de 1,000,000 de kilogrammes de fer. Toute la civilisation industrielle a été transportée ici pour servir à l'exploitation.

Une calèche louée à Bône nous attendait au pied du puits principal, pour nous conduire à Jemmapes et à Philippeville. Nous suivons une vallée quelque peu ondulée, couverte, encore en 1870, de la plus riche, peut-être, des forêts de chêne-liège de l'Afrique. Aujourd'hui cette forêt n'existe plus. Un de ces incendies dont on ignore les causes, et qui, en huit jours, déboisent toute une contrée, l'a détruite en 1875. A peine aperçoit-on, de distance en distance, des bosquets de ces arbres magnifiques, dont l'écorce « fait pétiller le vin, » étant donné le proverbe : « un bouchon bien tiré, rend le vin meilleur. » Toutefois le paysage n'est pas aride. La culture s'est emparée de cette terre, mise à nu par le sinistre, et des champs d'orge et de froment tapissent ces vallées jadis couvertes de bois.

Jemmapes, toute petite ville, très française, est située au pied de l'Atlas, à la lisière d'une des plus grandes forêts de l'Algérie. A Bône, on parle « manœuvres » ; à Tunis, « opérations financières » ; ici on parle « lion ». L'horizon est couvert d'arbres, d'arbustes, de broussailles, qui, groupés, tapissent de verdure les ondulations des premiers contreforts de l'Atlas. Il semblerait qu'il n'y a pas de place pour une aiguille au milieu de cette végétation enchevêtrée, et cependant Dieu a mis dans tous les coins et recoins, laissés au règne animal par le règne végétal, des bêtes fauves, qui chassées des lieux cultivés, ont établi ici leur repaire. On entend, la nuit, de la rue principale de Jemmapes, des jardins « squarisés » du maire, les glapissements des hyènes et des chacals ; et les rugissements de la panthère et du lion réveillent les femmes des colons jusque dans leurs demeures. Cette forêt, qui enferme l'horizon de toutes parts, c'est le lieu des exploits de la plupart des chasseurs émérites. Nous devons la traverser pour nous rendre à Philippeville.

— Nous ne *le* verrons pas, dit le postillon. Tous les voyageurs veulent *le* voir, mais il ne se montre pas comme cela...

— Tous les voyageurs ! Hum ! dis-je. Une rencontre pareille ne manque cependant pas d'un certain danger.

— Danger !!! il n'y en a aucun. *Il* fuit au claquement du fouet.

Le lion c'est *lui*, et quoiqu'*il* fuie au claquement

du fouet, tout le monde en parle avec respect : Arabes, colons, postillons.

— Une nuit, raconte le postillon, je conduisais à Philippeville un officier et sa femme, nouvellement débarqués à Bône. La lune, dans son plein, éclairait la route. Tout à coup l'officier dit : Regardez! un veau! — Quel veau! m'écriai-je, c'est lui! — Il était noir : couché, les pattes en avant, il nous regardait en clignant des yeux. Je fis claquer le fouet. Il se leva, et, sans se presser, disparut dans la forêt. L'officier était agité, sa femme tremblait de peur. Quand le lion fut hors de vue, l'officier se rejeta dans le fond de la voiture. En approchant de Philippeville, il murmura : — Moi qui croyais que la rencontre avec le lion était un des dangers de l'Afrique! Ce n'est que cela! un lion!

Le postillon ajouta.

— Ah! oui! vas-y voir!

Je ne m'explique pas presque à présent ce « vas-y voir. » Était-ce une protestation contre la placidité du lion, ou une allusion à sa pusillanimité? La légende d'ici veut que le lion soit poltron; on prétend qu'il suffit de crier très fort pour le forcer à s'éloigner; il n'est dangereux que blessé. Les postillons traversent, sans la moindre appréhension, les forêts infestées par les lions : les chevaux sentant la présence du fauve à trois kilomètres de distance, s'arrêtent, tremblent de tous leurs mem bres, refusent d'avancer, et finissent toujours, stimulés par les coups, par reprendre leur course, prouvant par leur obéissance qu'ils craignent plus le fouet du postillon que la dent du roi des animaux. Le lion sort souvent de nuit, se couche au bord de la route, et regarde passer les diligences. Les postillons prétendent qu'autrefois le bruit des roues le faisait fuir. Aujourd'hui, il s'y est habitué, paraît-il.

Il m'a été donné de me rendre compte comment avait lieu une rencontre avec un lion. C'était dans le district de Batna, pendant une nuit où la lune, voilée de temps en temps par les nuages, ne perçait l'obscurité que par intervalles. Revenant vers Constantine, nous avions loué toute la diligence et nous sommeillions doucement, lorsque tout à coup nos six chevaux se mirent à trembler si fort et avec tant d'ensemble, qu'ils donnèrent au lourd véhicule un mouvement insolite qui nous éveilla. Au même moment la voiture s'arrêta net : le conducteur se mit à jurer pendant que le postillon cinglait les reins de nos coursiers de toute la force de son bras. Je passai la tête à la portière en demandant au conducteur de quoi il s'agissait.

— Ce n'est rien! me répondit-il. Les chevaux sentent le lion.

— En vérité! criai-je, le lion!

— Oui! le *lion!*

— Vous dites cela tranquillement?

— Comment voulez-vous que je le dise!

— Vous n'avez pas peur?

Il haussa les épaules. Cependant le postillon se démenait sur le siège en mesurant à grand bruit, de la lanière de son fouet, le dos des chevaux. Légèrement ému, je me penchai pour explorer la route, très noire à ce moment où de gros nuages passaient au-dessus de nous. Le postillon m'aperçut et me touchant la tête du manche de son fouet, dit :

— Tenez! regardez à gauche!

Au même instant, la lune réapparaissait. Je suivis des yeux le manche de fouet, qui après avoir quitté ma tête, était dirigé, dédaigneusement, ma foi, vers un ravin que nous côtoyions. Sur la crête du talus de ce ravin, je vis une grosse bête fauve, couchée à la façon du chien et agitée par des mouvements régulièrement convulsifs. La lune donnait précisément sur la face du lion, qui eut un rictus étrange. Cependant les chevaux, tremblants et consternés, réunirent leur courage pour avancer un peu; la voiture donna quelques tours de roue. Le postillon, maugréant sourdement, faisait des nœuds à son fouet pour en rendre la morsure plus douloureuse.

Le lion se mit à agiter la queue, et nous entendions distinctement, malgré le grincement des roues, le frou frou qu'elle produisait en remuant le sable. Après avoir achevé sa besogne, le postillon poussa un cri aigu et appliqua un coup de fouet savant et collectif à tout son attelage. Cela se passait en présence du lion, dont chaque tour de roue nous rapprochait davantage. Fous de douleur et de peur à la fois, les chevaux enlevèrent la voiture qui eut un énorme cahot, et nous passâmes, lancés à pleine vitesse au bord du ravin, à deux mètres du lion, qui se mit à cligner des yeux. Un instant nos regards se croisèrent, et il me sembla lire dans les gros yeux jaunes du fauve — qui me rappelèrent, à ce moment, ceux d'un ami noctambule, — l'expression d'une ironie débonnaire. La diligence passa : le lion ne daigna pas faire le moindre mouvement ; seule, sa queue continuait, en remuant le sable, à produire un bruit léger.

Quand nous fûmes à quelque distance, le lion tourna lentement la tête et nous suivit du regard. Un nouveau nuage obscurcit la lune et nous le fit perdre de vue. Cette scène, majestueuse dans sa placidité, qui ne dura pas plus de cinq minutes, me laissa cependant un souvenir ineffaçable. Je ne pus toutefois pas m'empêcher, en arrivant au relais, d'observer au conducteur que l'attitude du lion différait singulièrement de ce qu'on m'avait raconté à ce sujet.

— On m'a maintes fois assuré, dis-je, que le lion était difficile à voir parce qu'il s'éloigne au bruit de la diligence.

— Autrefois, c'était en effet ainsi, répondit le conducteur, mais il s'est habitué à nous.

— Vous ne le tirez donc jamais?

— Voici ce que je ne vous conseillerais pas de faire, s'écria-t-il en me quittant.

On raconte à Jemmapes une anecdote piquante dont le sujet est fourni par un lion.

Un jour les colons virent débarquer chez eux un étranger, — Anglais, Chinois ou Russe — connu en Europe par une opulence proverbiale.

— Blasé sur toutes les émotions, dit le Crésus en descendant de diligence, je viens chasser le lion et je veux chasser seul.

Pendant quinze jours l'étranger habita Jemmapes, questionnant tout le monde sur les us et coutumes du roi des animaux, nettoyant ses fusils — il en avait apporté six — perfectionnant la justesse de son tir, et écoutant la nuit, du seuil de l'auberge, les rauques bruits de la forêt voisine. Puis, un beau matin, il annonça aux populations étonnées de son courage désintéressé, — si rare chez un archi-millionnaire, — l'intention d'aller la nuit même, et seul, attendre le lion dans un endroit du bois où la présence du fauve venait d'être signalée par des Arabes envoyés à la découverte.

A huit heures du soir, notre nabab, qui s'était muni d'un jeune chevreau, prit deux fusils, une ample provision de cartouches et se dirigea vers la forêt. Les méchantes langues de Jemmapes prétendent, qu'à peine sorti du village, il se mit en devoir d'étrangler le chevreau.

Et voici ce qui se passa.

Le millionnaire, toujours seul, arriva à l'endroit indiqué par les Arabes, choisit un arbre à ombrage étendu, avisa une pierre aux environs, y appuya ses fusils, dûment chargés, porta le cadavre du chevreau à quelques centaines de pas, retourna à l'arbre, s'y adossa et se mit à rêver.

Il songeait aux conversations qu'il avait eues avec ses connaissances d'Afrique; ceux à qui il avait demandé des renseignements, depuis le gouverneur général jusqu'au drogmann, avaient vanté la sécurité des forêts. « Il faut attendre le lion, pendant de longues nuits, à l'affût, avant qu'il ne daigne se montrer, » lui disait-on de toutes parts.

Et de fait, la nuit était calme; aux environs, les glapissements et les cris, si perceptibles du village, s'étaient tus : les animaux semblaient intimidés par la présence de l'homme. Les savants, ceux à qui le nabab avait donné des dîners, comme ceux à qui il avait acheté des exemplaires de leurs livres, répétaient à satiété que nul animal ne s'attaque à l'homme. Le nabab était content; seul au milieu d'une forêt d'Algérie, le cœur ne lui battait pas, et il n'avait pas peur, sûr d'ailleurs de ne courir aucun danger.

Une heure se passa, puis deux; le silence de la nuit, devenu de plus en plus placide, rassura tout à fait le chasseur qui s'assoupit. Un léger bruit le reveilla et... il aperçut un énorme lion, dévorant le chevreau à côté de la pierre aux fusils. Il se mit à grimper sur l'arbre, en murmurant :

— Comment! il l'a traîné jusqu'ici! pourquoi?

Au bruit, le lion fit un bond, posa une de ses pattes sur la pierre et se mit à rugir : le millionnaire se cramponnait à ce moment à la branche à moitié desséchée d'un chêne liège. La patte du lion, glissant sur la pierre, frôla le chien d'un des fusils : le coup partit; la balle effleura le pantalon du chasseur, lui laboura la peau, et vint briser la branche qui tomba en entraînant dans sa chute le malheureux millionnaire évanoui : le lion épouvanté de la détonation disparut dans le taillis. Le matin retrouva, à quelques pas du chevreau à moitié dévoré, le chasseur sans mouvement à côté des fusils. Vers midi, les Arabes inquiets d'une si longue absence, le trouvant étendu, lui firent reprendre les esprits. Ses premiers mots furent :

— Je l'avais mis très loin! Pourquoi l'a-t-il traîné jusqu'ici?

Ces paroles révélèrent les intentions du Crésus, qui voulait passer pour téméraire à bon marché, persuadé que les forêts de l'Algérie étaient aussi inoffensives que le bois de Boulogne. C'était une affaire.

Si on écoutait les commérages, la forêt de Philippeville fourmillerait de dangers. Il paraît que non contente de recéler des lions et des panthères — bêtes dont je parlerai quand nous serons en Kabylie, — elle a ses brigands. Un certain Bou-Gara tient la montagne et jouit du don d'ubiquité : c'est un des plus épouvantables bandits que la terre ait produit depuis Fra Diavolo et Rinaldo Rinaldini. Non content de détrousser les piétons isolés, il ose s'attaquer aux voitures, conduites même par des bouchers. Le voisin de l'auberge où nous étions descendus exerçait ce métier ; il me raconta l'accident dont il avait été victime.

— Un de mes confrères était dans ma voiture, armé comme il convient de l'être quand on traverse cette diabolique forêt : de mon côté j'avais un fusil et deux revolvers. Nous étions déjà à mi-côte, quand le taillis s'ouvre, un Arabe en sort, nous couche en joue, tire, nous manque, pousse un juron formidable, et se met à recharger son fusil. C'était Bou-Gara.

Le boucher se taisant, je demandai :

— Et puis !...

— Dame ! j'ai fouetté le cheval, et nous descendîmes la côte sans tourner la tête. Nous étions déjà au coude quand le fusil de Bou-Gara s'est trouvé rechargé. Nous en fûmes quittes pour la peur. Vous comprenez !... L'autre soir, une voiture que le maire avait envoyée au Douar de la clairière est revenue à vide... Le lendemain nous revîmes le cocher, contusionné, sanglant, volé... Il avait rencontré Bou-Gara. Je ne voulais pas qu'il m'arriva la même chose.

— Mais votre Arabe était seul... et vous... bien armés, et encore bouchers.

— Seul ! seul ! Il est soutenu par tous les Arabes de la contrée.

Dix minutes après avoir quitté Jemmapes, nous étions à notre tour au milieu de la redoutable forêt, peu émus des cancans du village. Il est vrai qu'il fait grand jour, et les lions sortent la nuit ; de plus, des gendarmes, assis devant le cabaret du coin, nous avaient appris que la mairie avait reçu l'avis officiel de la présence de Bou-Gara sur la route de Bône à Guelma, c'est-à-dire à plus de 60 kilomètres de Jemmapes.

La voiture commence à monter le talus assez escarpé d'une colline. Pour arriver à Philippeville, il faut non seulement traverser la forêt, mais franchir l'Atlas. A mesure que nous avançons, la végélation s'épaissit. Nos plantes de serre croissent ici en liberté : cactus, aloës, génariums, youcas, lentisques, mimosas, fougères. Parfois le soleil devient plus pâle, on le dirait voilé par un nuage : une compagnie d'étourneaux traverse la forêt. Il y en a des millions ! des milliards ! Des perdreaux se prélassent indolemment sous la feuillée ; des milans et des éperviers tournoient dans l'air ; souvent un ronflement sonore vibre au-dessus de nos têtes : c'est le bourdon d'Afrique, gros comme un oiseau. De temps en temps nous apercevons à travers les feuilles, sur le versant d'une colline, une éclaircie couverte de blé : au milieu, des tentes brunes et noires, paraissant violettes aux rayons du soleil. C'est un douar de nomades laboureurs. Leurs troupeaux paissent entre les arbres.

Le Crésus dont j'ai raconté l'histoire avait raison. Les forêts d'Algérie respirent le calme et la sécurité de nos bois d'Europe. Il est vrai que c'est l'heure tranquille « où les lions vont boire ». Quoi qu'il en soit, nous perdons tout sentiment d'appréhension : descendus de voiture, nous gravissons la colline, ainsi que des enfants en vacances, cueillant les fruits jaunes des arbousiers sauvages, poursuivant les papillons multicolores, respirant l'air à pleins poumons, comme si les lions et Bou-Gara n'existaient que dans l'imagination des voyageurs.

Soudain, le postillon, après avoir regardé le ciel,

nous avertit de remonter. Il est quatre heures. La forêt change de couleurs et de contours aux rayons du soleil qui penche vers l'Occident.

Nous sommes au sommet de l'Atlas. La verdure, fraîche tout à l'heure, prend des teintes sombres; les ombres des arbres deviennent plus longues, plus fournies; les rondelles de clarté qui tremblottent entre les ombres des feuilles et qui donnent tant de gaieté aux forêts, avaient disparu. Des nuages nous arrivent du nord. De la voiture où nous étions remontés, nous voyons les broussailles des vallées de l'Atlas, s'assombrir ou s'éclairer à mesure que les nuages cachaient ou découvraient le soleil. Peu à peu toutes les cimes verdoyantes disparaissent sous une brume violette, de ce violet qui fait songer à la mer. L'air s'obscurcit, les nuages masquent l'horizon et la forêt, naguère si riante, devient lugubre. Les oiseaux font entendre dans les arbres des cris plaintifs.

Tout à coup une rafale de vent agite les broussailles. L'orage se transforme en averse. Sous l'ondée qui fouette les chevaux et la calèche d'une douche puissante, nous descendons le versant occidental de l'Atlas. Encore quelques minutes et le soleil reparaît plus chaud et plus vivifiant que tout à l'heure. La forêt se colore d'un rouge ardent : il semble qu'une auréole de feu enveloppe les arbres, les vallées, les tentes et les troupeaux. L'air dégagé d'eau devient limpide ; l'œil pénètre facilement jusqu'au fond des précipices — si on peut appeler précipices, les ravins verts étalés à nos pieds, — et on est étonné et quelque peu désillusionné de l'aspect calme et gai de ces repaires de fauves.

Au bas de la descente se trouve une vallée fertile et cultivée : la route bien ferrée, ombragée d'une allée d'Eucalyptus, côtoie des villages, des fermes, des enclos, voire même des châteaux. Bientôt on aperçoit à droite la ligne vague que l'horizon dessine quand il se confond avec la mer. La chaussée se transforme en une rue large, bien éclairée. Nous sommes à Philippeville.

Si Bône présente peu d'intérêt au voyageur, Philippeville n'en a aucun : c'est une sous-préfecture à garnison, — propre et monotone. L'unique attrait de Philippeville, c'est sa position au fond de cette baie de Stora redoutée des capitaines, dangereuse aux navires, mais que nous voyons calme et bleue, assoupie entre des collines rougeâtres couvertes de végétation. On se croirait dans quelque petit port du golfe Jouan. Philippeville se trouve, selon les assertions des archéologues, prouvées suffisamment d'ailleurs par quelques ruines qu'on découvre aux environs, sur l'emplacement de Rusticade, ville dont parle peu l'histoire, mais qui possède des annales épiscopales. Le musée, situé non loin du port, se glorifie de quelques antiquités découvertes aux environs : une statue de l'empereur Adrien, des fragments, des inscriptions.

Les guides assurent que les citernes du fort d'Orléans, les villa Madelli, Retsler, etc., sont intéressantes à visiter. C'est inexact : il faut avoir du temps à perdre pour se promener dans tous les recoins des contrées qu'on visite. Les casernes, les établissements de bienfaisance, en général les édifices modernes sont ce qu'il y a de mieux à Philippeville.

Stora, ancien port ouvert aux Génois du temps de Léon l'Africain, et qui a servi d'entrepôt aux beys de Constantine, est dominé par un joli petit village, situé sur une hauteur, en face de Philippeville. On montre à Stora des citernes assez bien conservées et une grande et belle voûte romaine sous laquelle filtre une fontaine, alimentée par l'oued Schaddi (ruisseau des singes), qui coule de l'autre côté de la montagne. L'aqueduc restauré par le génie français est devenu tunnel.

Après avoir passé la nuit dans une chambre de l'hôtel d'Orient, imprégnée de chlore, — j'appris dans la suite que c'était à cause de la variole noire qui sévissait à notre passage, — nous nous rendons à la gare du chemin de fer. Le trajet de Philippeville à Constantine se fait en cinq heures. Au dernier moment, nous vîmes monter dans notre compartiment un monsieur très bien mis, qui, après nous avoir salués, dit pendant que le train se mettait en marche :

— Il ne faudrait pas vous effrayer d'un déraillement : cela arrive très fréquemment ; toutes les semaines à peu près. Nous allons à petite vitesse, il n'y a aucun danger.

Voyant l'appréhension, très naturelle en pareil cas, peinte sur nos visages :

— Oh! ne craignez rien, ajouta-t-il, je vous parle en connaissance de cause. Je suis inspecteur de la compagnie et je fais le trajet trois fois par semaine. J'ai déraillé peut-être vingt fois, et vous voyez que je me porte bien.

Malgré la preuve vivante du peu de gravité des accidents, j'avoue que je n'étais pas à mon aise pendant le trajet. Le chemin de fer de Philippeville à Constantine est construit à peu de frais sur un terrain très ondulé. En place des tunnels et des terrains à niveau, on a employé le système des courbes, dont plusieurs sont des plus hardies. Parfois une des roues du wagon glisse sur les rails pendant que l'autre est suspendue au-dessus du vide, et quel vide! un précipice affreux!... Il est vrai qu'on chemine très lentement. N'importe! Il s'agit de choisir le terrain pour rendre un accident absolument inoffensif : ensuite il faut définir le mot inoffensif. Cet entrefilet d'un journal me revient involontairement à l'esprit : « Sur la ligne X... accident sans importance. Le chauffeur et le mécanicien comptent seuls parmi les victimes. »

Le paysage est aride et dépeuplé. A partir de la station de Saf-Saf, la voie monte et descend des mamelons déserts. Peu à peu la nuit tombe ; tout à coup, à notre gauche, nous voyons sur une élévation des centaines de becs de gaz, semblant attachés à un lustre suspendu entre le ciel et la terre. Entre nous et cet immense luminaire, un ravin large, profond, noir, qu'il faut contourner pendant vingt minutes, une roue sur le rail et l'autre dans le vide. C'est le moment le plus émouvant du trajet. Un dernier tunnel et nous voilà arrêtés en face de Constantine.

VII

Constantine. — Le quartier arabe. — Le Rummel. — Les bazars. — Le supplice des adultères. — Les cercles. — Le Dar-el-Bey. — Le quartier de la prostitution. — Quelques mots de l'histoire de Constantine. — Caractère des Arabes. — Leur haine pour les Juifs. — Anecdote.

L'Orient reparaît. La civilisation n'est pas encore parvenue à défigurer Constantine. De l'hôtel de Paris, élevé à quatre étages et situé place de la Brèche, près des anciens remparts, on aperçoit le marché, grouillant d'une population exclusivement arabe. Le soleil, obscurci par le sable du désert, chassé du Sahara par le vent, fait croire que Constantine est entouré d'un brouillard matinal. Le burnous blanc adopté dans tout le Moghreb, et surtout en Algérie, donne aux indigènes de cette partie de l'Afrique un plus haut caractère d'originalité que dans n'importe quel pays musulman. En Égypte, la chemise bleue des fellahs rappelle trop la blouse de nos ouvriers; à Tunis, les haillons sont multicolores; ici, le même costume, d'une sévérité quelque peu fantastique, est adopté par tout le monde. Le burnous du pauvre est fait d'un sorte de feutre grossier, les riches portent des fins tissus de laine, mais riches et pauvres sont vêtus de blanc, et ceignent leur tête, couverte d'un turban également blanc, de la même corde de poil de chameau. Nonchalamment couchés à terre, se promenant gravement, ou gesticulant à outrance, tous les Arabes, drapés de la même façon simple et élégante dans leur large manteau, ressemblent à des fantômes. Rarement une tache rouge apparaît au milieu de cette foule blanche ; c'est un spahi, indigène soumis et salarié, qui a adopté une sorte d'uniforme français. Plus rarement encore on aperçoit un officier traverser la place.

Constantine est une ville militaire et arabe. La population civile y est insignifiante. Les rares commerçants ou colons portant redingote, paraissent comprendre que leur costume détonne et quittent peu leur quartier, resserré dans un fort petit espace au centre de la ville ; même dans la campagne, les jours de fête, où la blancheur des burnous des indigènes est agréablement agrémentée par les oripeaux éclatants des juives, le costume européen brille par son absence.

Constantine, entourée de tous côtés par un ravin profond qui sert de lit au Rummel, a très peu d'étendue. Une population de 50,000 habitants vit dans un espace qui serait à peine suffisant, en Europe, pour loger 10,000 individus. La principale rue de Constantine — rue de France — traverse la ville dans sa longueur (800 mètres à peu près), de la place de la Brèche au pont du Rummel. Européanisée du côté de la place, elle redevient arabe à mesure qu'elle décline vers le pont. Une sorte de place, où les diligences attendent devant la poste les voyageurs retardataires, sert de ligne de démarcation. Après cette place, les édifices n'ont plus d'élévation, les boutiques deviennent des niches ; on rentre en pleine Afrique. A quelques pas de l'hôtel de Paris, qui commence la rue de France, une rampe ornée d'un escalier primitif sans garde-fou, conduit aux Bazars, en plein quartier indigène. Entre cette rampe, la poste et la caserne principale, se trouve la ville française, qui occupe 20,000 mètres carrés tout au plus, et renferme les casernes, la place du Dar-el-Bey, le boulevard du Midi, la cathédrale, et le quartier commerçant. Le reste de la ville a gardé un cachet oriental.

La partie principalement affectée au commerce, est bondée de bazars et d'habitations d'ouvriers : la partie occidentale est formée de deux quartiers arabes, d'un quartier juif, et de l'enceinte réservée à la prostitution. Le pont du Rummel, belle construction moderne en pierres, à arcade, conduit à la gare. De ce point, l'aspect de Constantine est aussi curieux de jour que de nuit. Les petites maisons blanches des indigènes, seules constructions qui se distinguent, sont perchées sans ordre sur l'éminence ; parfois elles empiètent sur le ravin, et suspendues dans le vide, font trembler pour leurs habitants ; deux ou trois groupes de ces maisons sont tellement penchés sur le précipice qu'ils étonnent le regard. Si on se place au milieu du pont du Rummel, un autre spectacle, tout aussi saisissant, se déroule. On plonge de l'œil jusqu'au fond d'un fossé naturel comme jamais forteresse n'en a possédé d'artificiel : on se demande, en mesurant cette profondeur, comment cette ville, si bien défendue, a pu être prise tant de fois, surtout avant le perfectionnement de l'artillerie. Tout en admirant le courage et la persévérance des Romains et des Français, on se prend à réfléchir à la fragilité des précautions humaines. Cirta, bâtie sur un nid d'aigle, dans une position naturelle peut-être unique au monde, pour défier la puissance des Romains, a été une des citadelles le plus souvent livrées aux horreurs de l'assaut. Et cependant, en contemplant ces rochers à pic, en écoutant le grondement de ces eaux bouillonnantes, très basses dans cette saison, mais présentant en hiver une barrière quasi infranchissable, on se prend à plaindre le soldat, qui, pour un mince salaire et pour peu d'honneur, a lutté contre ces obstacles pour donner à son souverain une page éclatante dans l'histoire. Voici une forteresse bâtie par un révolté contre la puissance reconnue unique de son vivant, détruite au prix du sang de milliers d'individus, qui n'ont eu aucun intérêt direct au maintien de cette puissance et qui ont travaillé pour elle! Quelle mine de réflexions pour un philosophe du XIXe siècle, ce siècle basé sur l'intérêt.

Le Rummel n'est, en octobre, qu'un mince ruisseau qui filtre entre des pierres larges et polies comme des dalles : au-dessous de nous, entre les anfractuosités du roc, contrescarpes du fossé, on distingue toutes sortes d'arbustes : à mesure que le ravin s'approfondit, la végétation change. Il y a, entre la ville de Constantine et le fond du Rummel, une différence de plusieurs degrés de température : les arbustes qui périclitent en haut, sont exubérants en bas; le ravin est couvert de verdure pendant qu'il gèle dans la ville, et les habitants des maisons juchées sur l'éminence, peuvent jouir, en soufflant dans leurs doigts, de l'aspect de la flore du tropique. De temps en temps un aigle traverse le précipice en passant d'une grotte à l'autre, des corbeaux planent dans l'air, des oiseaux de proie remplissent l'espace entre les deux rives, et frôlent de leurs ailes les fondations des maisons, dont les hôtes ont ainsi à leurs pieds un spectacle, que nous sommes forcés de chercher au-dessus de nos têtes. C'est réellement une chose unique que cette ville aérienne suspendue au-dessus d'un précipice, qui voit la vie des airs au-dessous d'elle. La descente n'est pas difficile. Un sentier étroit, commode, mais fréquenté seulement par de rares touristes, conduit jusqu'au lit du ruisseau. Nos pas font lever à tout moment des animaux ; ici, un lièvre, plus loin un lapin, un blaireau ; des chouettes effrayées se blottissent sous les broussailles. En revanche, une fois arrivé au fond, on ne voit que le ciel : à peine quelques maisons de Constantine empiètent-elles sur le ravin, tellement à pic, que le reste de la ville est invisible. Le fond du ravin est abrupt et sauvage. Un bouc broute le long du talus du sentier, des chèvres grimpent sur le rocher : pas un passant ; oiseaux de nuit, chacals et belettes ; cependant on se trouve dans le sous-sol d'une ville de 50,000 habitants, et on pourrait tenir une conversation avec l'habitant de n'importe quelle maison. Il faut, pour remonter, traverser le Rummel, chose aisée à cette époque de l'année ; le torrent filtre entre les pierres, en formant de temps à autre des flaques d'eau qu'on saute à pieds joints. Le sentier, qui sert de prolongation à celui que nous avons pris pour descendre, débouche au boulevard du Midi, principale artère de Constantine, après la rue de France. La partie sud, grâce aux constructions de ce boulevard, s'est revêtue d'un certain cachet européen. Des maisons bien alignées — habitées pour la plupart par des officiers supérieurs, — forment une seule rangée qui aboutit à la grande caserne. De la terrasse de cette caserne on découvre une immense étendue de terrain aride : des mamelons dégarnis de verdure se succèdent sans interruption : c'est la préface du désert : le sable rougeâtre qui, dans le lointain, ressemble à un brouillard épais, ajoute à la mélancolie de ce point de vue.

A côté de la caserne on montre l'endroit réservé, au temps de la domination musulmane, au supplice des femmes adultères. Une planche perpétuellement basculante était jadis là en permanence, oscillant toujours, plus longue cependant du côté de la ville que du précipice. Quand une femme avait failli, on la faisait coudre dans un sac, que le bourreau prenait sur son épaule et posait délicatement à l'endroit de la planche qui se trouvait juste au-dessus du mur, son point d'appui. La planche penchait du côté du précipice, le sac glissait, et tout était dit. Le rôle du bourreau se bornait à empêcher la planche de suivre le sac. Le lendemain, aigles et corbeaux s'assemblaient en nombre de ce côté du ravin. Aujourd'hui encore, — quoique, comme on le pense bien, ces exécutions aient cessé — c'est le côté sud du ravin qui est hanté par le plus grand nombre d'oiseaux de proie. Affaire d'habitude, peut-être !

La ville européenne n'est pas longue à visiter ;

une petite ruelle relie la caserne à la place du Dar-el-Bey, devenue square et promenade publique. De la place à la rue de France, il n'y a qu'un pas. Deux grands cafés, le cercle des officiers, la cathédrale, de belles boutiques, et enfin le palais du général commandant, — Dar-el-Bey — ornent la place et lui donnent un fort bel aspect.

Le Dar-el-Bey (demeure du bey) édifice de pur style arabe, extérieurement plutôt laid que beau, garde son caractère pour charmer celui qui pénètre à l'intérieur ; une grande cour remplie, à l'instar d'une serre, d'arbustes rares, conduit à une galerie circulaire — ou plutôt carrée — sur laquelle donnent les appartements du général commandant la division. Les vastes pièces, sans être meublées selon les exigences du confort européen, sont bien appropriées à vie algérienne. La salle de réception, souvent ensanglantée par des exécutions, a conservé la balustrade qui servait jadis à séparer le magistrat suprême de ses justiciables. Au pied de cette balustrade se tenait le chaouch (bourreau) et les dalles du parvis ont vu des têtes rouler sur leur surface glissante. Ces traditions sanguinaires ont été, dit-on, continuées par le général Négrier, un des premiers chefs militaires de la province de Constantine. Elles servent naturellement de légende : le général Carteret qui commande la division n'a plus de chaouch attaché à sa personne.

Toutefois le Dar-el-Bey n'a rien perdu de son originalité, augmentée encore par la présence d'un spahi toujours de garde à la porte principale, sous une guérite, dont son burnous rouge rehausse l'aspect prosaïque.

Le cercle des officiers, vaste bâtiment européen, élevé à un étage, sert de café à tous les militaires sans exception : le premier étage possède une bibliothèque et un salon de conversation. Tout cela confortable, bien installé. La cathédrale, ancienne mosquée, très peu ornementée, est vaste et claire ; les boutiques et les cafés de la place et des rues du quartier européen sont tenus à la mode française.

On pénètre dans la ville indigène par les bazars, qui ressemblent à ceux de Tunis, sans être aussi bien fournis de marchandises. La principale industrie arabe consiste dans le travail des cuirs : les babouches et les sachets de Constantine sont aussi réputés dans le Moghreb que les tarbouches de Tunis. On trouve ici des étoffes, de belles armes, des bijoux en filigrane. Les bazars d'Orient, fouillis de petites masures percées de trous qui servent de boutiques, se ressemblent tous ; quand on en a décrit un, il est inutile de parler des autres.

Constantine est restée en dehors de la civilisation au point de posséder un quartier juif. C'est un cloaque plus nauséabond, plus puant et plus infect encore, si c'est possible, que celui de Tunis, où les israélites se confinent volontairement par une sorte d'obséquiosité naturelle.

La ville européenne, les bazars et le quartier juif, forment la moitié du cercle régulier auquel la rue de France sert de diamètre ; l'autre moitié est occupée par la ville arabe et le quartier abandonné à la prostitution.

En retournant à l'hôtel, nous montons un escalier monumental, de la hauteur démesurée duquel notre fatigue nous fait apercevoir. L'hôtel de Paris est un des meilleurs de l'Afrique, mais il devrait bien actionner son architecte pour lui avoir bâti un premier où on ne peut arriver qu'après avoir gravi 175 marches. J'ai remarqué que la façon d'édifier les maisons à l'européenne ne concorde pas avec le sol africain. Aussi bien en Algérie qu'à Tunis ou en Égypte, je n'ai guère vu d'édifice à la Haussmann qui ne soit défectueux. Je crois que la façon de vivre des hommes est subordonnée aux conditions climatériques et que la nourriture, les vêtements, les maisons en usage chez nous, peuvent, aussi difficilement que la religion et les mœurs, être appropriés à un autre continent.

Avec la nuit tombée, nous sentons l'humidité qui pénètre jusque dans notre chambre. Constantine jouit d'un climat relativement froid : c'est la seule des trois métropoles de l'Algérie où ou parle de

Les femmes de cette étrange tribu des Ouled-Naïls... — Page 157.

fluxions de poitrine, maladies inconnues partout ailleurs.

Ma qualité de voyageur, me donnant un certain droit de pousser la curiosité jusqu'à l'indiscrétion, m'enhardit à prier quelques officiers, dont je venais de faire connaissance au cercle, de me conduire de nuit au quartier de la prostitution, une des curiosités de Constantine. On y pénètre par une ruelle en pente qui se trouve en face de la rue de France et qui aboutit à une sorte d'arcade, faite de deux maisons se rejoignant en une galerie ouverte, formée de leurs toits réunis par une charpente. Sous cette galerie, des Arabes nonchalamment étendus fument du haschisch et plongent un œil atone dans un dédale de ruelles remplies de filles de joie de toutes les races connues. La Parisienne et l'Anglaise, déclassées, même dans la prostitution, aux robes souillées, aux visages dissimulés sous une triple couche de fard; des Allemandes, épaves des compagnies de musiciens qui vont chercher fortune en Afrique; des Espagnoles, des Maltaises, à peine reconnaissables à leurs costumes, mais presque aussi brunes de peau que les femmes mauresques ou juives. L'Afrique du Sud, elle aussi, a envoyé des échantillons de ses races à cette foire de la prostitution. Dans un coin sombre, accroupies au seuil de leur niche, quelques femmes de cette étrange tribu des Ouled-Naïls, que j'ai eu l'occasion d'étudier plus tard à Biskra, agitent avec un bruit argentin le quadruple collier d'or passé à leur cou et qui représente leur dot, le jour, où, rentrées dans leur tribu, elles redeviennent épouses et mères au prix de leur virginité vendue. Presque blanches, très jolies, avec des yeux de gazelle et des dents de perle, elles semblent chastes, même dans ce milieu. Venues du fond du Sahara, destinées à servir aux plaisirs des hommes de toutes les nations, sans pouvoir même échanger une parole (1) avec ceux dont elles reçoivent les caresses, elles sont étrangères à ce qui les entoure. Plus loin, des Kabyles, aux yeux de feu, à la peau brune, vêtues d'une chemise bleue, pieds nus, les ongles peints avec du henné ; encore plus loin, des femmes nomades du désert, des négresses du Soudan, de Tombouctou. Tout cela crie, chante, boit, circule sous les yeux hébétés des fumeurs d'opium. La rue ressemble à un carrefour clos de murs ; à droite et à gauche des fenêtres étroites, grillées, à travers lesquelles on aperçoit une pièce vaste, sans plancher ni meubles; un réchaud au milieu, des nattes sur des bancs circulaires; c'est le *salon*. Chacun de ces salons recèle plusieurs femmes, debout, assises, couchées, buvant, fumant, dormant, vaquant à leurs occupations sous l'œil des prome-

(1) Les Ouled-Naïls parlent un patois arabe presque incompréhensible.

neurs. Quand un homme applique son visage à la lucarne, pas une femme ne bouge ; il faut, pour attirer leur attention, entrer chez elles. Celles qui se promènent sont chargées d'être gracieuses ; les autres se contentent d'attendre les visiteurs.

Au premier abord, on est très étonné de trouver dans une ville française ce laisser-aller, cette facilité accordée au vice ; mais, en y réfléchissant un peu, on se voit obligé de rendre justice à la sage tolérance de l'administration. En effet, Constantine est, je crois, la ville du littoral qui possède le plus de femmes prostituées. Sur 50,000 habitants, on compte 15,000 filles publiques, presque le tiers de la population ; et cependant, ce n'est certainement pas la ville la plus licencieuse de l'Orient. L'hypocrisie turque s'élève sévèrement contre l'exhibition du vice en dehors de l'enceinte du harem. Toute ville ottomane est plongée, de nuit, dans un repos menteur. Dans les maisons, l'orgie hurle étouffée par les murailles, d'autant plus affreuse qu'elle n'a pas de témoins : les plus honteux excès s'y font naturellement. Ici, l'arène est libre aux effluves du tempérament africain. Le plaisir autorisé par les lois humaines s'y étale au grand jour. A quelques exceptions près, personne n'en cherche d'autre, et les Arabes de Constantine sont les musulmans les plus moraux peut-être, si on envisage la morale à notre point de vue. C'est tellement vrai qu'ils sont pour cette cause méprisés par leurs coreligionnaires.

— C'est une race abâtardie, me disait un Égyptien. Ils vous ont tout pris, même vos mœurs, et ils ont tout perdu de ce qui leur était propre, même leurs passions.

Il ne faudrait toutefois pas croire que ces bazars de la prostitution sont inconnus autre part qu'à Constantine. Toutes les villes d'Afrique, depuis le Nil jusqu'à l'Océan, en possèdent de semblables, mais ils ne font pas, comme ici, partie intégrale de la vie sociale et n'ont pas cet aspect civilisé qui permet au voyageur de les visiter, sinon sans dégoût, du moins sans danger. Constantine est peut-être la seule ville de l'Afrique où la prostitution soit franchement acceptée par la population et où on ne lui demande pas de se revêtir d'une robe d'emprunt, comme en Égypte, où, par un acte de pudeur étrange, on donne le nom de danseuses à des filles publiques (*ghavassis*).

Le fondateur de Cirta est resté inconnu. Dans tous les cas, c'est une forteresse construite par les Numides, après la chute de Carthage, dans la prévision d'une prochaine attaque des Romains. Officiellement Syphax fut le premier qui en fit sa capitale. Massinissa, Micipsa, Asdrubhal et Juba l'habitèrent : enfin les Romains en firent le chef-lieu de la Numidie, sous le nom de Cirta Julia, en l'honneur de César. Depuis ce moment jusqu'au IVe siècle, époque où son nom est mêlé, comme celui de presque toutes les grandes villes de l'Empire, aux disputes des Césars et des Augustes, Cirta n'est plus mentionnée dans l'histoire. En 315 environ, occupée et habitée par Flav. Constantin, elle reçut le nom de Constantine, qu'elle a gardé depuis, même sous la domination arabe (Ksartina). Après avoir résisté à l'invasion des Vandales, elle fut enlevée à l'Empire par l'émir Okba-ben-Nafi. La domination arabe des Hafzides et des Mirinides (rois de Bougie ou de Tunis) dura, — presque toujours nominale, car la situation de Constantine la rendait facilement indépendante — jusqu'à Kheir-Ed-Dinn-Barberousse. Au commencement du XVIe siècle, Constantine fut soumise aux Turcs. Ceux-ci permirent aux Arabes vaincus de se choisir un gouverneur (kaïd), qui devait se reconnaître vassal du pacha d'Alger. Le titre de kaïd fut remplacé par celui de bey, au moment où des fonctionnaires turcs furent installés à la tête du gouvernement, en place des chefs arabes librement élus. Les beys de Constantine, nommés par le pacha d'Alger et révocables par lui, avaient droit de vie et de mort sur leurs administrés et jouissaient d'un pouvoir absolu, mais ne pouvaient, sans l'assentiment de leur suzerain, changer les lois, ou déclarer la guerre. La sujétion des beys de Constantine à ceux d'Alger était réelle. Tous les trois ans, ils étaient obligés de se rendre en personne chez le pacha et d'y envoyer tous les ans leur premier ministre chargé d'apporter des présents de la part de son maître et de réclamer le caftan d'honneur, signe officiel de satisfaction, reçu à Constantine par de grandes réjouissances. Très souvent le caftan d'honneur était remplacé par le fatal lacet, et nombre de beys de Constantine périrent de cette façon. Toutefois l'administration turque était si mal organisée qu'il arrivait fréquemment que des beys de Constantine restaient pendant quelques années au pouvoir, malgré les ordres d'Alger.

A l'intérieur, le pouvoir du bey était contrebalancé par celui des cheïcks-ul-islam, dignité devenue héréditaire dans la famille Ben-Lefgoun. Cette famille, très riche et très puissante, sut se maintenir au pinacle pendant trois siècles, en se réservant la suprématie religieuse et abandonnant complètement toute ingérence dans les affaires civiles, exemple que le clergé aurait dû suivre partout. Il est en effet curieux de constater combien l'esprit de conduite de cette famille a su inspirer de respect. Jamais, au moment des plus grands cataclysmes comme sous le règne des despotes les plus cruels — qui ne manquent pas aux annales de l'histoire de Constantine — aucun de ses membres n'a eu à souffrir, non seulement la mort, mais la moindre vexation. Cependant les Ben-Lefgoun ont toujours veillé à la stricte observation des principes de l'Islam et ils étaient prêts à remettre dans le *droit chemin* ceux qui s'en écartaient, sans en excepter les beys.

Parmi ces derniers, despotes révocables, plutôt gouverneurs que souverains, on compte très peu d'hommes remarquables. Depuis 1607 jusqu'à 1837, quarante-quatre beys se sont succédés. Les moins insignifiants sont : Djaffarh, qui, le premier, croit-on, troqua son titre de kaïd contre celui de bey; Mohammed-ben-Ferhat, tué sous les murs de Bône ; Dâli, choisi par la milice turque, dont l'omnipotence ne date que de ce jour ; Ali-Kodja, remarquable par une belle défense contre le bey de Tunis, pendant laquelle il fut tué dans une sortie ; Relian-Hussein, vainqueur des Tunisiens ; Hassan-ben-Hussein, son fils, qui songea à installer dans le beylick une administration régulière ; Sabah, le plus éclairé et le moins cruel de tous. Le peu de civilisation dont jouissait Constantine au moment de la conquête était due à ce bey, qui régnait en 1770. Cependant les canaux, les routes et les travaux exécutés par Sabah éveillèrent la méfiance du pacha d'Alger, qui, le soupçonnant de rêver d'indépendance, le fit étrangler après une bataille que le bey de Constantine, averti des dispositions hostiles du pacha, livra à son suzerain sous les murs de la ville.

Depuis Sabah jusqu'à Hadji-Ahmed, la plupart des beys ne régnèrent que fort peu de temps et furent presque tous étranglés par ordre des deys d'Alger : Moustapha-ben-Sliman, pour avoir chassé les Français de la Calle sur les plaintes de Jean Bon Saint-André, consul à Alger; Abd'Allah-ben-Ismaël, pour avoir protesté contre la livraison de la Calle aux Anglais; Ahmed-Chaouch, sorte de monstre sanguinaire, pour avoir rêvé la conquête d'Alger, etc., etc. Les seuls princes dont l'histoire repose l'esprit dans ce dédale d'atrocités sont : Ahmed-ben-Ali et Mohammed-Hamnan, tous deux étranglés. Quand on songe que ces deux beys ont été précédés par Ahmed-Chaouch (le bourreau), surnommé Dra-ho-bey (bey de son bras), et suivis de Mohammed-Tchahour, *le sanglant*, et de Mohammed-ben-Chattabia (le père de la pioche, ainsi nommé parce qu'il faisait couper les têtes avec des pioches); que les uns étaient étranglés pour avoir dépassé les bornes de la cruauté possible, les autres pour ne pas avoir été assez cruels, on détourne la tête de ce tissu d'horreurs. Hadji-Ahmed, à qui la France victorieuse accorda une large hospitalité à Alger, ne le cédait en rien à ses prédécesseurs. C'était peut-être un des pires tyrans de cette succession de tyrans : unissant la perfidie à la cruauté, il voulut persuader au dey Hussein, vaincu, de venir chercher un asile à Constantine. Le dey aima mieux se confier à la loyauté de la France. Ceux de sa famille qui se laissèrent leurrer par les protestations hypocrites d'Ahmed, furent obligés de sortir de Constantine presque aussitôt après leur entrée, dépouillés de leur avoir. Si les sujets d'Ahmed se défendirent avec tant de vaillance contre les Français, c'était par fanatisme religieux, et non par amour pour leur souverain. Quelques années après la conquête, des Arabes de distinction ne se gênaient pas de l'avouer à leurs nouveaux maîtres.

Celui qui voit un Arabe saluer avec humilité l'Européen qu'il rencontre sur son passage, et se confondre en protestations obséquieuses auprès de tout officier, se fait généralement une appréciation très inexacte du caractère des indigènes de l'Algérie. On a souvent dit que les Arabes étaient lâches, poltrons et traîtres. Rien de plus faux. Je ne crois pas qu'il existe des hommes soumis à un jeu régulier d'institutions administratives, qui aient plus que les Arabes le mépris de la mort. S'ils sont dominés par les Européens, et cette domination est indiscutable, c'est par crainte de la procédure, de la prison, des amendes, par avarice et amour de la liberté et non par peur de la souffrance ou de la mort.

Voici un fait qui me fut raconté à Constantine, par un officier supérieur.

Malgré la suprématie politique récemment accordée aux juifs, les Arabes n'ont pas voulu démordre du mépris traditionnel qu'ils ont voué à cette race. La mort d'un juif est un fait si simple que beaucoup d'indigènes, pas encore bien au fait de nos lois, n'admettent pas qu'ils puissent être châtiés pour cela.

Dans un village du canton de Sétif, Mohammed-ben-X, avait assassiné un juif, avec des circonstances d'une barbarie révoltante, pour lui reprendre le prix d'une vente faite quelques heures auparavante. Mohammed fut condamné, par le conseil de guerre de Constantine, à être fusillé. Il écouta la sentence avec calme, puis, invité à parler, il dit au président :

— Pourquoi me fais-tu mourir? Parce que j'ai tué un juif! Tu ne feras accroire à personne que c'est de la justice!

Pour un indigène, le conseil de guerre ou le tribunal se résument dans le président, qui, selon ses idées, est omnipotent.

Or, comme les assassinats sont devenus d'une fréquence telle dans la province de Constantine que les rôles des assises et des conseils de guerre ne présentent que des affaires de meurtre et de pillage, il a été décidé, pour faire cesser cet état de choses et épouvanter les populations, de procéder aux exécutions capitales sur les lieux mêmes des crimes. A cet effet, un des officiers, membre du conseil de guerre qui a condamné le coupable, est forcé de le conduire, chargé de chaînes, au village où il a commis son meurtre. On rassemble la population sur la place, et, après avoir lu la sentence, on l'exécute en présence du village réuni. Les officiers n'aiment guère ces corvées qui les obligent à surveiller un homme enchaîné, avec deux gendarmes pour toute escorte et le condamné pour toute compagnie.

Un des officiers supérieurs dont j'avais fait connaissance au cercle, revenait précisément d'accompagner, dans un village situé sur la route de Sétif à Bougie, ce Mohammed-Ben-X., qui, après avoir assassiné et volé un juif, était étonné de se voir condamné. Pour arriver au village, il faut prendre une route militaire praticable pendant la belle saison, mais que les pluies torrentielles de l'hiver rendent des plus périlleuses. L'officier supérieur, assis sur une charrette à côté de l'indigène enchaîné, était escorté par deux gendarmes. Tout alla bien jusqu'à un endroit distant de dix kilomètres du lieu de l'exécution, où la route longe un précipice à pic. Une averse surprit le convoi juste à cet endroit : dans l'espace de quelques minutes, la terre détrempée commença à fléchir sous les roues. Bientôt on reconnut l'impossibilité d'avancer davantage. La route n'était praticable que pour des piétons. Les gendarmes descendirent de cheval : le convoi s'arrêta.

« A ce moment, raconta l'officier, je me trouvai « fort embarrassé. Impossible de traîner le prison- « nier, enchaîné par les pieds et les mains ; il me « répugnait de lui brûler la cervelle, et cependant « je ne prévoyais pas d'autre solution, à moins de « transiger par humanité avec mon devoir, et de « lui laisser la clé des champs. L'une et l'autre « alternatives étaient peu agréables, d'autant plus « que je prévoyais le moment du rapport. Tout « indécis, j'appelai mes gendarmes pour former « une sorte de conseil. Les gendarmes, gent peu « philanthrope en Afrique, me proposèrent de le « lâcher et de lui tirer dessus au moment où il « allait s'enfuir. J'allais, de guerre lasse, adopter « cette combinaison, et je faisais mes dernières « objections, lorsque le prisonnier m'appela :

« — Sidi ! me dit-il en souriant, je suis per- « suadé que tu parles de moi ?

« — Oui ! répondis-je, et je ne sais qu'en faire !

« — C'est bien simple, cependant ! Fais-moi dé- « ferrer, je te suivrai à pied.

« — Tu me suivras ?

« — Oui !

« — A ton village ?

« — Oui ! puisque nous y allons.

« — Tu sais ce qui t'y attend ?

« Il haussa les épaules.

« — Certes ! je serai fusillé !

« — Et tu iras volontiers au supplice ?

« — Volontiers ! non ! mais puisqu'il n'y a pas « moyen de faire autrement... Vous m'avez con- « damné injustement, et vous en répondrez devant « Allah... Moi... je dois mourir ! J'aime mieux cela « que de moisir dans vos prisons.

« Je trouvai cette proposition si étrange, que je « voulus en faire l'expérience. Dans la situation où « je me trouvais, je ne risquais au fond que peu « de chose.

« Je fis déferrer mon prisonnier, qui se mit à che- « miner à côté de nous sans la moindre velléité de « fuite. Mes gendarmes n'en revenaient pas. Pour « traverser quelques passages étroits, nous étions « obligés de suivre la file indienne ; le condamné, qui « connaissait admirablement le pays, nous servit de « guide, parlant et agissant comme si chaque pas « qu'il faisait ne le rapprochait pas de la mort. Nous « arrivâmes ainsi au village, conduits par notre pri- « sonnier. Ma foi, je vous avoue que ce courage stoï- « que m'impressionna et que je ne pus m'empêcher « de demander sa grâce à Alger. Il fallait un exem- « ple et on refusa. J'assistai à l'exécution les larmes « aux yeux ; Mohammed mourut en souriant ; il y « avait dans son sourire une ironie étrange ; il ne me

« quitta pas du regard jusqu'au dernier moment. Je « ne suis pas tendre : cependant ce regard calme, « voilé, sans haine ni bravade, me poursuivra long- « temps encore. »

Et l'officier ajouta avec un soupir :

— Nous avons parfois de drôles de corvées en Afrique.

Il y a de l'enfant dans l'Arabe : mais c'est un enfant fier, indépendant, rongeant le frein du professeur trop sévère et surtout trop méticuleux, à son sens. Jamais l'Oriental ne se fera à notre procédure. L'esprit de la justice est inné dans lui. Il ne comprend pas qu'on puisse avoir tort et raison à la fois, et rien n'offusque autant son bon sens naturel que, par exemple, un verdict de ce genre rendu par un de nos tribunaux :

« Attendu que M. X n'a pas tort, mais que M. Y « a raison, le tribunal deboute M. X de sa de- « mande, mais condamne M. Y aux dépens. »

De là une horreur invincible de notre procédure. L'idée d'être obligé de déposer une provision pour avoir le droit de plaider une cause qui lui paraît juste, est rebelle à son esprit. Il aimerait cent fois mieux donner de l'argent à un juge, même au cas où son procès lui paraîtrait imperdable, que de le dépenser en papier timbré, honoraires d'avoués ou d'avocats. Il ne croit pas avoir besoin d'intermédiaire : chaque phrase prononcée par un avocat sonne faux à son oreille, et il n'est jamais complètement satisfait du résultat final, son procès fût-il cent fois gagné. Un Arabe déféré aux tribunaux fait d'avance dans son idée le sacrifice de sa fortune et de sa vie. Il va à l'audience comme un bœuf à l'abattoir. La procédure de nos tribunaux échappe totalement à son intelligence. Il se résigne à son sort, mais la façon dont on distribue la justice, c'est ce qui lui pèse le plus dans le joug de l'étranger. Comme je l'expliquerai dans une autre partie de cet ouvrage, l'Algérie est régie administrativement de deux façons différentes. Il y a des cercles soumis au régime militaire, d'autres au régime civil. Les militaires laissent aux cheicks et aux kaïds le droit de trancher les questions litigieuses entre indigènes. Le gouvernement civil, institué dans des cantons réputés plus tranquilles, assimile tout le monde aux mêmes lois.

Dans les pays soumis au régime civil, nous avons cru remarquer que la haine contre les conquérants est plus ardente, plus féroce, quoique plus sourde.

Il ne faut pas se le dissimuler d'ailleurs, les Arabes ne nous aiment pas, et les officiers, au courant des affaires indigènes, ne cessent de répéter ces paroles :

— Ils ne vivent que pour une seule idée, transmise de génération en génération : c'est de nous jeter à la mer.

VIII

Départ de Constantine. — Les diligences. — La nuit. — Le Medr'asen. — Les Tournants. — Batna. — Lambessa. — La diligence. — El-Kantra. — El-Outaïa. — Le désert.

A sept heures du soir, nous fûmes avertis qu'il fallait partir. Les voitures publiques circulent de préférence la nuit, pour permettre, nous dit-on, aux hommes d'affaires de vaquer sans interruptions à leurs occupations journalières. Ceci me donne la plus haute idée de la constitution physique des hommes d'affaires africains.

Grande, moyenne ou petite, la diligence algérienne représente à l'extérieur une caisse à compartiments, élevée sur des roues monumentales, close avec force précautions du côté de la portière barricadée comme une porte de prison, ouverte à tous les vents des autres côtés : par les fissures du bois; par les vitres brisées; par les croisées, qu'un homme, fût-il Hercule ou Robert Houdin, ne saurait faire jouer dans leurs rainures. A l'intérieur, les banquettes sont recouvertes de coussins dont je ne saurais définir la substance. Ce n'est certes ni du crin, ni de la paille, ni de la plume, et je sais trop ce que je dois au lecteur pour insinuer que ce sont des pois chiches. En laissant à d'autres plus consciencieux le soin d'analyser ces coussins — opération qui, vu les myriades de puces qui y sont nichées, nécessite un certain courage—je m'appesantirai sur un inconvénient que je n'ai rencontré qu'en Algérie. Les chevaux, nourris d'orge, exhalent des miasmes nauséabonds ; les Arabes, qui voyagent beaucoup en diligence, sentent tous le musc. Or, je ne connais rien de plus écœurant que l'odeur du vieux musc mêlée à celle que vous envoient, par bouffées et à tout moment, les huit chevaux attelés à la voiture.

Il pleut à verse : la nuit est noire. La voiture longe la rue de France, traverse le pont et côtoie le ravin du Rummel. Les feux de la ville, visibles de la vallée de Bou-Merzoug dans laquelle nous nous engageons, se confondent peu à peu avec la brume. Bientôt la tiare étincelante de Constantine disparaît complètement et nous voilà au milieu d'un paysage désolé, avec des montagnes noires à gauche, et une plaine grise à droite. Parfois le lourd véhicule côtoie en se dandinant un ravin profond, sinistre, rocailleux que l'absence totale de garde-fous nous permet de sonder à loisir. Tout à coup une étincelle jaillit sur la route et, à cent pas, il nous paraît qu'elle se dédouble. Ce n'est plus deux, c'est trois, six, huit étincelles qui se croisent, fuient, s poursuivent, allant de la route au ravin et du ravin à la route. Les hyènes et les chacals, attirés par le mauvais temps, rôdent autour de la diligence.

Au sortir de Constantine, nous avions, à la lueur des lanternes, aperçu quelques arbres dresser leurs branches flexibles au-dessus du fossé et agiter leurs feuillages presque au ras du sol, à côté des buis sauvages qui bordent le chemin. Arbres et buissons étaient disparus, et c'est au milieu d'une obscurité rayée par la pluie, rendue plus noire encore par l'absence de contours du paysage, que nous arrivons au Khroub, bourg indigène de 4,000 habitants, adossé à un petit village européen au milieu duquel nous nous arrêtons pour relayer. Quelques maisons blanches sans étage, une église, une place encombrée de chariots recouverts de toile, voici ce que nous voyons comme dans un rêve, car les chevaux sont attelés en un tour de main et nous roulons plus loin.

Je dirai ici un mot des villages de colons dans cette partie de l'Algérie, pour ne plus avoir à y revenir. Tous sont bâtis sur le même modèle, et qui en a vu un peut s'abstenir de regarder les autres. Sur la route de Constantine, Batna, Sétif et Bordj Bou Arridj, la plupart des relais sont placés dans des villages qui ne présentent aucun intérêt au touriste.

Trois minutes après, nous nous retrouvons au

milieu du désert ; les yeux des fauves disparus aux approches du *Kroub* scintillent de nouveau. A ce moment un rayon de lune réussit à percer l'épais rideau de nuages, et nous apercevons, sortant du ravin que nous côtoyons toujours, de grandes ombres blanches et noires, pareilles à des spectres en deuil. Ce sont des nomades retardataires ; ils regagnent leur campement, traînant leur chameaux après eux. Si le burnous blanc des Arabes nous permet de les distinguer, il n'en est pas de même des chameaux. On les devine en voyant quelque chose de sombre se mouvoir dans l'obscurité. Sans nous en douter, nous avions déjà rencontré beaucoup de nomades entre Constantine et le Kroub. On me dit que nous en rencontrerons d'autres plus loin, l'automne étant le moment de leur passage. Sans l'indiscrétion commise par la lune, il nous eût été impossible d'apercevoir nos compagnons de voyage, car hommes et bêtes cheminent dans le plus profond silence. La lune, entrevue un instant, se voile derechef ; l'averse se transforme en déluge : le froid devient de plus en plus vif : on monte un des plus hauts plateaux de l'Atlas. Nous nous enveloppons dans nos burnous pour dormir, reconnaissant inutile toute tentative de voir. Nous avons retenu l'intérieur de la diligence, ce qui nous permet de nous étendre. Malgré les inconvénients dont je parlerai en temps et lieu, je recommande aux touristes ce mode de locomotion.

La voiture publique arrive presque toujours à destination : les voleurs arabes ne poussent jamais la hardiesse jusqu'à l'attaquer. Les conducteurs connaissent très bien le chemin et si on n'y jouit pas de tout le confort désirable, on y est bien moins mal que dans les machines fantastiques décorées, à Constantine, à Batna et à Sétif, du nom de voitures particulières.

Engourdis par le froid, trempés par la pluie qui pénétrait par mille ouvertures dans l'intérieur de la diligence, accablés sous un sommeil léthargique plutôt qu'endormis, nous traversons les relais : 1° de Montebello, village de récente création, situé à 4 kilomètres de Kroub ; 2° d'Ain-Moret ; 3° des Chats ; la route commence à longer des lacs salés, qui sont des renfoncements de terrain au fond desquels on trouve quelques gisements de sel, mais qui ressemblent à tout, excepté à des lacs ; et 4° Ain-Yacoub où l'on s'arrête pour visiter le Médr'asen, monument de forme conique en pierres de taille : espèce de pyramide ronde bâtie en dehors de toute règle architecturale (ce en quoi, d'ailleurs, consiste sa principale curiorité) et qui ne rappelle aucune construction connue, si ce n'est le tombeau *de la Chrétienne* que l'on voit près de Blidah. C'est un gros cylindre, servant de base à un tronc en cône obtus, évidé intérieurement en quart de cercle, et formant une corniche que supporte un rang d'une cinquantaine de colonnes. Ni inscriptions, ni bas-reliefs, de la pierre nue. On montre à mi-hauteur une étroite ouverture d'où on peut apercevoir un escalier intérieur, ce qui a fait supposer que le Médr'asen était un cénotaphe. Les uns prétendent que c'est le tombeau de Siphax, d'autres l'attribuent à Aradion, tué par Probus, d'autres enfin, et j'avoue que je me range à leur avis, considèrent le Medr'asen comme le monument funéraire des rois numides, successeurs de Missinissa.

Il n'est nul besoin d'être archéologue pour reconnaître l'art architectural romain, une fois qu'on a visité quelques ruines. Or, si le Medr'asen a quelque ressemblance vague, c'est avec les pyramides. L'Égypte est le pays d'Afrique par excellence. Quoique très difficiles, les communications par voie de terre à travers l'Afrique septentrionale, ont existé toujours comme elles existent aujourd'hui. Le Sahara, obstacle invincible pour les conquérants, a toujours été une route fréquentée par les indigènes. Si, depuis la chute de Carthage, le nom romain était craint et respecté en Afrique, le manque de communications avec l'Italie, à ce moment où la navigation était dans son enfance, rendait les relations entre les provinces et la métropole très difficultueuses. Les Numides et les Mauritaniens n'ont jamais été latinisés : tout s'y opposait d'ailleurs, le climat, les mœurs et le génie des habitants. Les rois numides cherchaient la sanction de leur domination à Rome, mais ils n'avaient pas pour cela adopté les idées de leurs protecteurs. Nous en voyons un autre exemple parmi les chefs indigènes inféodés à la France. Tout en réclamant à Paris l'investiture du gouvernement, ils ne changent pas pour cela d'usages, de coutumes ni de manière de voir.

Les ruines romaines comparées aux établissements français font faire les réflexions suivantes aux indigènes :

— Déjà les hommes d'Occident sont venus chez nous ; ils ont bâti leurs maisons ; les hommes de la tente les en ont chassés, et il n'en reste que des ruines. Ce sera la même chose avec les Français : ils construisent, mais le temps viendra où la tente de l'Arabe recevra l'ombre des ruines de leurs édifices.

L'Europe et l'Afrique ne sauraient vivre de la même existence. La religion musulmane répandue en Orient avec la rapidité de l'éclair, n'a pu franchir la Méditerranée, comme la religion chrétienne ne pourra jamais s'implanter en afrique. Les mœurs sont identiques dans tout l'Orient arabe. Le Hadji qui se meut à son aise entre la Mecque et Oran, se trouvera dépaysé à quelques lieues de la côte, à Port-Mahon, à Malte, ou à Panteleria, sur une terre européenne.

Les costumes, les habitations, la nourriture, principales conditions de la vie des hommes, seront toujours adaptés au climat, à la configuration géographique du pays, et suivront l'impulsion d'une tradition orale.

C'est tellement vrai qu'un architecte parisien, tout en admirant la mosquée d'Omar ou une pagode de l'Inde, n'aura jamais la pensée de construire à Paris un monument public sur ce modèle : il sait qu'il froisserait les idées artistiques du plus grand nombre. Le même fait se présente en Afrique. Les villes comme Paris, Londres, Berlin, sont inconnues dans le désert, tandis que les noms du Caire, de Bagdad ou de Tunis resplendissent aux yeux des Arabes de toute l'auréole du merveilleux.

L'Arabe, revenu de Paris, s'exprime sur la capitale du monde civilisé, avec le même enthousiasme qu'un voyageur français met à parler du Caire.

— Que c'est beau l'Orient, disons-nous. Quel coloris ! Quel ciel !

Nous aimons l'Orient pour le visiter, non pour l'habiter. Les Arabes apprécient Paris de la même façon désintéressée. Or, de temps immémorial, les Arabes du désert n'ont pas modifié leur existence errante et contemplative. Les voyageurs loquaces, les conteurs ont été toujours en honneur parmi eux. Le Sahara, domaine des cavaliers numides, comme il est de nos jours le domaine des Arabes (nomades), touche à l'Égypte. Il y a peu de monuments plus propres que les Pyramides à frapper une imagination primitive. Un homme, habitué au néant, vivant sous la tente, ne peut que garder une impression profonde de ces colosses de marbre, cénotaphes des rois d'un pays fertile, limitrophe du désert. Pourquoi ne pas supposer que Micipsa, par exemple, qui, fort de la protection de Rome, régna tranquillement 27 années, n'ait pas songé, sur la foi des paroles de ces conteurs devenue voix publique, à se construire un monument funéraire, faible et inexacte copie des Pyramides, mais suffisante pour frapper l'imagination de ses sujets. Si l'on songe que nul peuple, à l'exception des Romains et des Français, n'est parvenu à asseoir dans ces parages une domination aussi bien établie que celle des rois, successeurs de Massinissa; que la construction d'un monument pareil dépassait de beaucoup les moyens de Probus alors qu'il n'était pas encore empereur; que les tombeaux d'Afrique depuis le Maroc jusqu'aux Pyramides ont un air de famille (comme d'ailleurs nos tombeaux ressemblent à ceux des Romains), on peut considérer la version du Medr'asen, cénotaphe des rois numides, comme la plus rapprochée de la vérité. Je suis allé en Algérie après avoir visité l'Égypte, et je trouve que le Medr'asen est une imitation mesquine, sinon grotesque, des Pyramides.

Quoi qu'il en soit, si l'aspect du Medr'asen vaut le voyage, il ne compense pas l'horrible nuit que l'on passe à l'hôtel du Tournant, cinquième relai de Constantine à Batna.

De quelque façon qu'on s'y prenne avec les diligences algériennes, il faut toujours voyager de nuit. Le jour commençait à poindre lorsque nous nous retrouvâmes dans la diligence de Batna, vingt-quatre heures après notre départ de Constantine.

La route s'engage dans la vallée de l'Oued el Harrar à 1,000 mètres au-dessus du niveau de la mer. A travers les vitres couvertes d'une buée glaciale nous voyons des rochers noirs comme de l'encre se dresser des deux côtés du chemin. Certes, on ne se croirait pas en Afrique, sur la route de Batna, à six heures du matin. Des flaques d'eau, de cette eau triste, noirâtre, dernier vestige d'une pluie de novembre ; la neige sur les sommets des montagnes, qui, vu l'élévation où nous nous trouvons, ne paraissent pas très hautes ; un ciel noir, une terre aride, des rochers noirs, pas un arbre, pas une feuille, pas une herbe. C'est au milieu de ce paysage morose que nous faisons les 40 kilomètres qui nous séparent de Batna, dont nous franchissons l'enceinte vers dix heures du matin.

Rien n'est plus triste que l'arrivée à Batna par une pluvieuse matinée de novembre. La ville française, circonscrite dans une muraille peu élevée est en gros ce qu'étaient en petit les villages de colons que nous avons traversés. Une église, une place, quelques rues formées de maisons sans étages, une caserne inachevée. On commence à voir les traces de l'insurrection de 1871. Déjà sur la route, nous avons aperçu des ruines qui n'avaient rien de romain. En ville, nous remarquons des décombres qu'on n'a pas encore eu le temps d'enlever.

Dieu vous garde de vous trouver à Batna en même temps qu'un général, un colonel ou tout autre voyageur aisé. L'hôtel de Paris, unique hôtel de la ville, possède un appartement réservé de droit au premier arrivé et dont nous jouirons à notre retour. Cette fois, le major anglais Edde, en mission en Algérie, venu de la veille, occupe l'appartement par droit d'aînesse. On nous donna des chambres sans fenêtres, avec des portes vitrées sans vitres, une cloison sans planches, un plafond sans plâtre, un plancher avec des trous.

Il est à remarquer qu'en Algérie, plus le climat est froid (le climat de Batna n'est guère plus chaud que celui de Paris), plus mal on bâtit les maisons. (A Sétif, où les hivers se rapprochent des hivers russes, des portes vitrées séparent seules les chambres d'une cour carrée ouverte à tous les vents.) Après une bonne heure passée à étendre nos plaids au-dessus des portes, à boucher des trous avec de vieux journaux, etc. etc., précaution indispensable pour la nuit, nous allons à la recherche d'une voiture qui consente à nous transporter à Lambessa, éloigné de Batna de dix kilomètres à peine. Ce n'était pas chose aisée que de trouver ce que nous cherchions. Batna possède trois voitures — à l'exception de la diligence, bien entendu — un cabriolet à trois places, garanti de deux côtés par un morceau de cuir, un cabriolet à deux places, garanti d'un côté par un chiffon en toile, et un cabriolet à une place, pas garanti du tout.

Nous commençâmes par refuser énergiquement le cabriolet à trois places que l'on nous montra d'abord, et sans nous arrêter au sourire du propriétaire, nous allâmes plus loin, mais nous apprîmes à nos dépens que l'impatience est la mère de tous les maux, car il nous fallut, l'oreille basse, revenir au bienheureux cabriolet, ce qui nous coûta quelque argent et beaucoup d'humiliation. La pluie continuait à tomber, et cette excursion qui nous souriait tant à Constantine apparaissait à nos yeux sous d'autres couleurs.

La route de Batna à Lambessa traverse une vallée aride encaissée entre deux chaînes de montagnes. Bientôt la pluie se change en grêle à laquelle succède un chasse-neige épouvantable; après avoir erré pendant deux heures au milieu de la campagne couverte des débris de la ville romaine, dont il nous est impossible de distinguer la moindre pierre, nous sommes forcés de revenir à Batna, sans avoir rien vu qu'un arc gigantesque et quelques tombeaux pareils à ceux de la via Appia. Il me serait facile, si je ne m'étais pas engagé à être scrupuleusement véridique, de faire comme beaucoup de mes confrères et de parler de Lambessa, après avoir compulsé quelques ouvrages et quelques guides. J'aime mieux avouer franchement que je n'ai pas vu cette ville, une des plus intéressantes cependant de l'Algérie.

Il faut bien se convaincre que les communications ne sont ni faciles ni régulières entre le Tell et le Sahara, et si on ne veut pas ajouter aux autres inconvénients du voyage celui de ne pas arriver, il devient nécessaire de prendre des renseignements partout et chez tout le monde, sans crainte d'être indiscret. Le plus ou moins de difficultés que l'on éprouve dépend de tant de raisons diverses, qu'on ne peut et on ne doit pas croire aveuglément le premier interrogé. Un colonel qui, voyageant à cheval et avec une escorte, aura traversé l'Atlas au printemps, vous dira que le chemin est délicieux. Un commis voyageur, entassé avec dix Arabes dans la diligence par une nuit de novembre, vous épouvantera par ses récits exagérés. Tel homme est timide et vantard ; il parlera des lions comme d'un danger : tel autre, habitué à risquer tous les jours son existence, vous empêchera d'emporter vos armes, etc., etc. Il faut écouter, faire son profit de ce que l'on entend, sans croire personne.

Le trajet de Batna à Biskra est praticable presque toute l'année : en revanche, s'il n'est que désagréable pendant la belle saison, en automne et en hiver il présente un certain danger par suite du noctambulisme des diligences.

Biskra est desservi régulièrement trois fois la semaine par deux voitures : le courrier et la diligence. Le courrier est un cabriolet à quatre places, découvert et livré à toutes les intempéries, qu'il faut être fou pour prendre en hiver, et qui ne sert généralement qu'au transport des indigènes.

Un domestique vint nous avertir à deux heures du matin que la diligence n'attendait que nous, puis il me tira par la manche le long d'un corridor obscur, et après nous avoir, de cette façon, extrait de l'hôtel, il nous abandonna au milieu d'une rue plus noire encore que le corridor.

La pluie continuait froide, fine, pénétrante, une vraie pluie de novembre; comme le gaz est à Batna aussi inconnu que le pavé, nous voilà barbottant dans la boue. Le garçon de l'hôtel, mû, probablement, par un sentiment de camaraderie envers nos gens et de conservation à l'égard de nos effets, avait déjà disparu entraînant Nataf et la femme de chambre, et nous laissant à la garde de Dieu.

Après quelques minutes employées à nous orienter, nous distinguons à quelques mètres un objet blanc qui tranche sur l'obscurité.

A mesure que nous en approchons, nous constatons que cet objet est placé au milieu de la place de l'église, qu'il vacille sur sa base; puis nous reconnaissons que c'est une voiture chargée à deux fois sa hauteur et lourdement enfoncée dans la boue. Sur un côté, nous parvenons à déchiffrer : Batna-Biskra. — Plus de doute, voici l'instrument du supplice. C'est avec effroi que nous contemplons la machine disloquée, branlante, penchée sur le côté comme un corbillard au retour du cimetière. Après avoir rassasié notre vue de l'aspect de la voiture, nous cherchons les chevaux... absence complète... puis... suivant le même genre d'idées... le bureau de la diligence... absence aussi complète : solitude, néant et silence. Enfin, nos yeux commençant à s'habituer à l'obscurité, nous découvrons dans une encoignure extérieure de l'église, Nataf et la femme de chambre, assis mélancoliquement sur nos sacs entassés dans la fange. Se voyant découvert, Nataf m'apprit que le garçon, après avoir reclamé et obtenu son pourboire, était allé se recoucher. Je me mets à invectiver Nataf pour lui apprendre son métier de guide : mon imbécile bredouille sur le même ton stoïquement obstiné :

« Vous avez raison. » Alors un Arabe qui sommeillait par terre confondu avec la boue, se dresse comme un fantôme et se met à nous considérer.

— Où est le bureau de la diligence de Biskra? demandai-je.

Après la pause, obligatoire pour tout Arabe entre une question et la réponse, l'indigène qui, heureusement pour moi, comprenait le français, dit :

— Tu vas à Biskra?

Je savais que les Arabes répondent toujours à une question par une autre, et afin de me mettre au niveau de mon interlocuteur, je repartis :

— Nous allons partir bientôt, n'est-ce pas?

L'Arabe sourit de ce sourire tranquillement ironique qui a le privilège d'exaspérer tout Européen novice, et répondit :

— Bientôt... oui... au point du jour.

Le jour se lève à cinq heures. Je me récriai :

— Impossible! Le départ est fixé à deux heures!

— C'est pour apprendre l'exactitude aux voyageurs!...

— Plaît-il?

— D'ailleurs M. Henri repose encore.

Ne pouvant croire à une aussi triste réalité, je soupçonnai l'indigène de s'amuser à mes dépens.

— Tu appartiens au bureau de la diligence? demandai-je d'un ton sévère.

— Je suis gardien.

— Alors conduis-nous à la salle d'attente.

— La salle !... quoi ?...

— D'attente !

Il rit.

— Attends ici. Quand il sera reposé, il viendra et ouvrira le bureau.

— Qui ?... il ?... (Je crus qu'il parlait du lion.)

— M. Henri !

— Ah ! il repose ! Va l'éveiller tout de suite

Comme il ne bougeait pas, je le secouai en criant :

— Je connais toutes les autorités ! Entends-tu ! coquin, obéis-moi — ou sinon !...

Mon Arabe s'éloigna en secouant la tête. Pour qui connaît tant soit peu les indigènes, il était clair que, pour être aussi dédaigneux, il fallait que le gardien fût sûr de son fait. Sa fuite me donna à réfléchir : la réflexion pousse à la conciliation : l'Arabe s'éloignait de plus en plus : je descendis de la conciliation à la supplication.

— Voyons, mon ami, reviens ! (Il s'arrêta.) Je t'en prie (Il se retourna.) Oui ! toi ! (Il resta debout au milieu de la place.) Ecoute ! Il est impossible qu'on fasse de ces farces aux voyageurs inoffensifs.

Il haussait les épaules, ne comprenant rien à mes doléances.

Les Arabes sont ainsi faits : pour eux l'attente n'est pas une souffrance ; les intempéries ne troublent pas l'harmonie de leur humeur ; le confort leur est absolument inconnu.

— Qu'as-tu, Sidi ? demanda-t-il en se rapprochant.

— C'est honteux ! indigne ! faire poser ainsi les voyageurs qui ont payé leurs places ?

— Ecoute-moi, à ton tour. Il est dit : « Respecte celui dont tu as besoin... » Or, la diligence n'a pas besoin de toi pour se rendre à Biskra... tandis que tu ne peux faire autrement que de t'en servir ! Attends !

L'Arabe se recoucha dans la fange, me laissant muet, sinon convaincu. Un point lumineux brilla à ce moment derrière l'église et une lanterne portée par un homme de haute taille s'approcha de nous. La lanterne dirigée par l'homme se mit à se balancer au-dessous de nos visages en éclairant la figure rubiconde de son porteur qui murmurait :

— Chien de métier ! Les autres dorment ! Toi ! Va-t'en te disloquer les os sur des chemins d'enfer !

Complètement maté, je soulevai mon chapeau en demandant de ma voix la plus doucereuse :

— Monsieur est le postillon ?

— Qui diable d'autre se promènerait par un temps pareil et à pareille heure ? Chien de métier, va !

Je ne pus m'empêcher de faire remarquer au postillon que ce n'était pas mon métier de coucher dans la boue.

— S'il vous plaît de courir les grandes routes, à qui la faute? grommela-t-il en s'éloignant.

Une demi-heure s'écoula pendant laquelle deux Arabes, sortis on ne sait d'où, se couchèrent philosophiquement dans la boue à mes côtés, sans le moindre signe de mécontentement. Tout à coup, au moment où le crépuscule commençait à poindre, un Français, un Batnassien, fit son apparition en criant à tue-tête :

— Ce pendard de Henri dort encore ! Qui est-ce qui m'a fichu un paresseux pareil ?

Je demandai timidement :

— Qu'est-ce que M. Henri ?

— Le directeur, parbleu ! On ne peut partir sans lui, et comme le drôle aime le lit, il nous arrive, surtout en hiver, de quitter Batna à huit heures. Ah ! si j'étais le gouvernement !

A ce moment, un homme emmitouflé dans un large paletot surgit à l'angle de la rue. Tous les yeux se tournèrent vers lui : les Arabes se soulevèrent avec respect, le Batnassien courut à sa rencontre, la main tendue. Je reconnus à cet accueil le tant désiré M. Henri qui s'avança majestueusement vers la baraque servant de bureau à la diligence, et, après avoir tiré une clef de sa poche, fit jouer la serrure tout en disant avec bonhomie, à la ronde :

— Hein ! nous allons donc partir, mes enfants !

Rien ne débilite l'âme comme l'attente en voyage : toute ma colère s'était évanouie à l'aspect de M. Henri. Je me levai et m'avançai avec les signes extérieurs prescrits dans le manuel de la courtoisie.

M. Henri eut trois gestes. Le premier, protecteur, s'adressant à moi, m'ordonnait d'attendre ; le second, bienveillant, indiquait à ma femme l'entrée du bureau; le troisième, impérieux, enjoignait à l'Arabe gardien d'activer le départ. Pendant que ma femme, obéissante, passait le seuil de la baraque, que le gardien envoyait à l'écurie chercher les chevaux, et au cabaret chercher le postillon, tout en s'occupant de faire l'appel nominal des Arabes de la banquette (cérémonie indispensable à tout départ), j'eus avec M. Henri la conversation suivante :

M. Quand partirons-nous ?

L. Tout de suite.

M. La route est bonne?

L. De Batna au premier relai, oui !

M. Et après ?

L. Hum ! hum !

M. Mauvaise ?

L. Pas précisément ! Il n'y a pas de route.

M. Ah !

L. Dame! la saison est avancée!

M. Qu'y-a-t-il? Des trous?

L. Des ravins! des précipices.

J'ai une horreur instinctive de tout ce qui est vide, y compris les imbéciles. Je frissonnai.

M. On longe des précipices?

L. On passe dedans.

M. Dedans!! Et on passe?

L. Quand il n'a pas plu! oui!

M. Et s'il a plu?

L. Dame!...

M. Les accidents sont fréquents?

L. Non! on reste en route! voilà tout!

M. Vivant ou mort?

L. La diligence arrive toujours!

M. Mais les voyageurs?

Était-ce par pitié ou par espièglerie (j'ai remarqué que les Algériens aiment à épouvanter les voyageurs), M. Henri se tourna vers le postillon qui venait d'apparaître au seuil, et sans me répondre, cria :

— Allons! vite! vite! nous sommes en retard! sacrebleu!

Le postillon, si rogue naguère avec moi, s'inclina humblement devant M. Henri, sans songer à lui faire remarquer que le retard était de son fait. L'aspect de cet homme donna un autre courant à mes idées et je repris mon interrogatoire.

— Le conducteur est bon cocher?...

— Jérôme!... excellent... Depuis dix ans qu'il fait le trajet il n'a versé que six fois : deux fois au col de Sfa... il faisait un temps aussi mauvais qu'aujourd'hui... une fois...

— Qu'arrive-t-il quand on verse?

— Ce qui arrive quand on verse?... La voiture est brisée, la compagnie en est pour son argent, le courrier est en retard, nous recevons notre galop...

— Mais les voyageurs?...

— Je n'en sais rien! moi... Je n'y étais pas! Demandez à Jérôme.

Et ennuyé, probablement de mes questions, M. Henri me demanda mon billet. Quand il eut lu mon nom et appris que j'avais retenu l'intérieur, il dit d'un ton plus affable, mais tout aussi protecteur :

— Je vais vous recommander au postillon..... Aussi bien, dit-il sous forme d'aparté en se levant, il faut être prince pour tenir tant à sa peau.

Il paraît que les Batnassiens, colons, employés ou indigènes, tiennent médiocrement à leur peau; je le comprends à la rigueur, Batna n'est pas absolument un séjour de délices. M. Henri revint accompagné du postillon.

— Jérôme, dit-il, je te recommande monsieur, Sois bon pour lui, donne-lui les renseignements qu'il te demandera; il te paiera la goutte.

— Bon ! bon ! gronda Jérôme, pourvu qu'il ne bavarde pas trop : la journée sera rude.

La présentation faite, M. Henri crut de son devoir de m'éclairer davantage sur le compte de mon nouveau protecteur.

— Surtout, ne le faites pas trop boire ! dit-il, son camarade Isidore est moins bon cocher que lui.

Le gardien cria :

— Mustapha Ben Omar ? Abd el Kader ! présents... Bien ! en voiture ! en voiture !

Au même instant, une main me poussa dans l'intérieur de la voiture pendant qu'une voix insinuante murmurait à mon oreille :

— Nous verrons comment vous vous conduirez !

La diligence s'ébranla presque aussitôt. Le jour se levait incertain, pluvieux : on voyait à peine son reflet sur la route. Aussitôt après avoir franchi l'enceinte de Batna, la voiture s'arrêta et Isidore apparut à la portière en se grattant la tête.

— Le cabaret de la Poule noire, dit-il. Le relai est long, il fait froid : le temps de boire un verre.

Je lui tendis quarante sous en demandant :

— Mauvaise route ! Hein !

— Jusqu'au premier relai la route est ferrée. Après, je ne dis pas.

Je voulus continuer la conversation, mais déjà Isidore avait sifflé d'une façon particulière. Je vis le cocher Jérôme dégringoler du siège en deux temps et les postillons s'engouffrèrent sous la voûte du cabaret de la Poule noire. Cinq minutes après, nous repartons. De gros nuages interceptent la vue des cimes des montagnes. Le paysage est triste ; ni arbres, ni habitations : du sable brun et des rochers noirs. Tout à coup nous sentons une secousse effroyable. Nous quittons la route ferrée suivie pendant six kilomètres. Dans la boue profonde, les chevaux avancent péniblement : les cahots deviennent de plus en plus forts. La voiture penche, tantôt d'un côté, tantôt d'un autre. Cela dure une heure : nous roulons à travers champs en vue de la route ferrée que nous côtoyons sans nous en servir.

Après une heure de trajet, nouvel arrêt, nouveau cabaret, nouveau sifflement. Jérôme et Isidore disparaissent : c'est le Français de la banquette qui paye la goutte. Isidore sort en s'essuyant la bouche.

— Nous ne suivons pas la route ferrée ? demandais-je.

— Non !

— Longtemps encore ?

— Jusqu'au relai.

Bah ! la route ferrée de Batna est donc un chemin d'un nouveau genre : on le contemple platoniquement sans le fouler.

— Pourquoi cela ? demandai-je.

— La caillasse nouvelle fatigue les chevaux et détériore les roues de la diligence.

— Mais elle ne bouleverse pas les intestins des voyageurs !

Isidore répondit avec dédain :

— Peuh ! les voyageurs !

Après El Biar (c'est le nom du village où fleurit le cabaret), nous longeons des ruines romaines et nous entrons dans le bassin intérieur de r'dirs (lacs), après avoir quitté le bassin méditerranéen. Le paysage ne change pas pour cela, et reste aussi tristement solitaire, encaissé qu'il est entre deux chaînes de montagnes d'un noir d'encre. Nous ne voyons ni lacs, ni déclivités : en haut de l'Atlas on passe d'un bassin à l'autre sans s'en apercevoir. Après une longue marche dans une campagne désolée, couverte de flaques d'eau et de buissons épineux (ce sont les r'dirs), nous nous arrêtons auprès de la maison en construction d'un colon établi au milieu du désert.

Isidore tire de dessous la toile de la diligence du pain, de la viande et des légumes qu'il entasse à terre. C'est l'unique moyen de ravitaillement des colons espacés sur les routes entre le Tell et le Sahara. Que la diligence ne puisse pas leur apporter les provisions achetées par le conducteur dans une des villes, tête de ligne du service, qu'un accident arrive, que les routes deviennent trop mauvaises, les colons jeûnent.

L'arrivée de la voiture publique est attendue par ces pionniers de la civilisation avec une impatience fébrile. Avec elle arrivent les vivres frais, on voit des figures humaines, et surtout on a des nouvelles de France.

Le colon qui habite la petite maison de Ras el Aïoun, était sur le seuil, gai, souriant, heureux de voir la diligence.

— La pluie nous avait fait craindre que vous ne veniez pas, dit-il.

— Il a beaucoup plu? demanda Jérôme de sa voix éraillée.

— Toute la nuit !

— Diable !

Tout cela n'est pas rassurant. Cependant le colon, oublieux de sa vie de dangers et de luttes, jouit du moment de plaisir que notre arrivée lui procure. Il sourit gaiement, cause avec Isidore et enlève les colis que celui-ci décharge. Puis une femme, grosse, rouge, mais assez jolie, apparaît sur le seuil, une bouteille de cognac à la main. Je regarde cette femme dont la fraîcheur contraste avec la nature aride qui l'entoure. Hélas! cette fraîcheur disparaîtra vite. Les yeux de la femme brillent aussi d'un vif éclat. Comme on peut être heureux à peu de frais sur cette terre! Je compare involontairement nos aspirations, nos désirs, nos ambitions, les plaisirs que nous procurons avec peine à nos sens blasés et qui ne sont jamais bien vifs, à la joie courte mais complète de ces gens que nous traitons de prolétaires.

Cependant Isidore s'était emparé de la bouteille de cognac que la ménagère portait en main. C'est le salaire obligé, le signe effectif de gratitude que donne le colon à celui qui achète ses provisions. En ville, le conducteur a sa remise des vendeurs, à la campagne, il reçoit sa prébende d'alcool. Après avoir pris une forte rasade, Isidore tend la bouteille à Jérôme qui l'approche de ses lèvres et la rend à moitié vide tout en fouettant ses chevaux.

Nous nous éloignons, suivis des yeux, jusqu'à un accident de terrain, par le colon et sa femme, qui s'en retournent tristement en songeant à la diligence du lendemain.

Une demi-heure après, nous nous arrêtons devant un caravansérail. Isidore et Jérôme descendent encore : ce sont les Arabes de la banquette qui se sont cotisés pour les faire boire.

Nous roulons une demi-heure à peine : nouvel arrêt. Cette fois c'est décidément notre tour, car Isidore reparaît à la portière en disant :

— Le caravansérail du Ksour, trois kilomètres du relai de la Baraque; mais à la Baraque on ne trouve rien : ici on peut casser une croûte et boire une goutte.

Là-dessus il attend. Effrayé du nombre considérable de liquide que ces gens absorbent, me souvenant des paroles de M. Henri, de fort mauvaise humeur d'ailleurs, disloqué et transi, je fais la sourde oreille, et imitant les Arabes qui ne veulent jamais répondre à une question, je parle d'autre chose.

— Quel chemin d'enfer! dis-je. Nous sommes endoloris!

Isidore comprit mon intention, et fronça le sourcil en grommelant :

— Nous quittons ici la route ferrée!...

— Dérision! criai-je. Nous ne l'avons jamais prise, votre route ferrée! Nous nous sommes contentés de la regarder!

— Eh! bien! Vous ne la verrez même plus! Jusqu'ici vous avez roulé sur des roses, attendez un peu.

Sifflant Jérôme, il entra au cabaret et se régala à son propre compte.

Enfin nous arrivons, tant bien que mal, à la Baraque, premier relai; 30 kilomètres de Batna et 100 de Biskra; il était huit heures du matin, nous étions partis à cinq. Nous n'avons donc pas trop mal marché.

A cent pas du relai, la voiture s'engage dans une plaine crevassée de ravins sablonneux. A tout moment la lourde machine passe auprès d'un trou jaune, parfois de 50 mètres de profondeur. Sous l'action de la pluie qui continue à tomber, le sable se transforme en boue, les chevaux glissent, la voiture chancelle. Le moindre faux mouvement et nous sommes précipités dans l'abîme.

Nous apercevons un mamelon à gauche : derrière ce mamelon le village alsacien d'Ain Touta, avec ses maisons à toits rouges, entourées d'un peu de verdure. Puis, nous nous lançons dans une plaine rocailleuse qui aboutit au col des Juifs. Les chevaux soufflent, la voiture plie et crie. Bientôt le sable qui nous environnait de toutes parts fait place à du grès, à des pierres. A cent mètres de nous, sur un monticule rocailleux, une gazelle broute une herbe invisible. Le gracieux animal lève la tête, hume l'air, fuit comme la flèche, et disparaît derrière un exhaussement de terrain.

De ce moment la route devient effrayante. Longeant des escarpements affreux, elle est par moment large d'un mètre à peine, juste la place de la diligence, qui monte lentement le long d'un précipice sans fond, ou, ce qui est pis, à fond noir, pierreux, profond de deux cents mètres... Les bagages vacillent avec un bruit strident ; les chevaux se buttent contre les pierres, la voiture chancelle et la toile du chargement se balance au-dessus du vide. Si aguerri que l'on soit, il vous passe des frissons. Nous montons une demi-heure. Isidore, descendu, chemine à côté des chevaux qu'il excite de la voix. Jérôme fait claquer son fouet : les chevaux n'en peuvent plus.

Tout à coup la diligence éprouve une violente secousse. Un immense ravin est à notre gauche, profond, aux bords escarpés, couverts de pierres : un ruisseau murmure au fond.

— Pfou! dit la voix d'Isidore. C'est tout de même vrai que la montée du col des Juifs, par le temps qu'il fait, n'est pas une mince affaire!

Nous sommes au point le plus culminant de la route : maintenant il s'agit de descendre. Les chevaux soufflent un peu. Isidore, avec un sourire ironique, montre le ravin béant.

— Il faudra le traverser! dit-il.

Je cherche un pont, une corniche! Rien!!

— Comment le traverser?

— Pardi! en passant dedans!

— Dedans!!!

— Oui! on le passe au grand galop, et on s'en aperçoit quand on est de l'autre côté.

Je n'eus pas le temps de protester; Jérôme avait fait claquer son fouet, Isidore était sauté sur le siège avec une agilité de singe, et nous nous sentons emportés à toute vitesse à travers pierres et trous : c'est ainsi que nous descendons le ravin à pic, que d'ailleurs nous remontons à pleine carrière.

Une fois de l'autre côté nous nous tâtons. Nous sommes contusionnés, car pendant le passage, la voiture sautait comme un cabri. En tournant la tête, nous sommes stupéfaits de voir ce que nous avons traversé : il y a de quoi se rompre le cou vingt fois.

Après cet exploit, nouvel arrêt ; les chevaux soufflent : Isidore s'approche.

— Le mauvais pas est franchi, dis-je pour le flatter.

— C'est le petit ravin !

— Il y en a donc un grand ?

— Un... Six, sept, huit ! Jusqu'à Biskra, c'est tout ravin ! Vous les verrez ! Partons !

S'apercevant que nous étions fort peu rassurés par ces explications, il sourit et continua :

— Ah ! c'est que le col des Juifs est une route fréquentée depuis la conquête seulement, et encore ! Tenez ! regardez !

Il désignait un monticule couvert de petites pierres plantées irrégulièrement. Il y en avait par centaines, par milliers.

— Ils sont tous enterrés là !

— Qui ?

— Les juifs, pardi ! C'était de tout temps un passage dangereux. Les bandits nomades tenaient la montagne, et si quelque caravane s'y hasardait, elle était pillée, massacrée. L'amour du lucre a toujours poussé les juifs à venir de ce côté, les plus riches caravanes leur appartenaient...

Isidore fut interrompu par un Arabe qui demandait du haut de la banquette :

— Nous avons passé le col des chiens?

Isidore grommela :

— Vous l'entendez!

Je contemplai cette gorge à l'aspect réellement sinistre ; Isidore continua :

— Il n'appellera jamais un juif autrement que chien. Vous aurez beau les naturaliser, les émanciper, vous ne persuaderez jamais à un Arabe que ce sont des hommes.

En effet, et j'eus dans la suite l'occasion de m'en assurer, il n'y a rien de plus tenace chez l'indigène de l'Algérie comme le dédain qu'il professe pour le juif. L'Arabe peut haïr le conquérant, être hostile au chrétien, plaindre l'idolâtre, il conserve tout ce que son cœur a de dédain et de mépris pour le juif. Pour l'Arabe, le juif, c'est un être à part, beaucoup moins utile que le cheval et le chameau, moins noble que le lion ou la panthère, moins dangereux que la hyène, le chacal ou le scorpion. C'est quelque chose qui n'existe pas, une tache dans la création, qu'il ne voit pas, tant il la dédaigne.

Parfois, quand il est de bonne humeur, l'Arabe se distrait en s'amusant des juifs.

— Parmi les mauvaises choses dont Allah nous a dotés, il y les fièvres, la sécheresse, les juifs! Mais Allah est grand! il a mis le bien à côté du mal : la fièvre nous débarrasse parfois d'un ennemi, la sécheresse nous apprend à travailler : le juif n'est bon à rien, il est vrai, mais parfois on peut s'amuser avec.

Le genre d'amusement que se permet un Arabe avec un juif, c'est de le battre, parfois de le tuer.

Un jour je racontais à un grand seigneur arabe que, parmi les coutumes féodales de mes ancêtres, il y en avait une qui consistait en ceci :

Tous les cinq années, les juifs domiciliés dans la principauté de mon aïeul étaient obligés de se raser la barbe pour en faire un coussin. Ce coussin servait à rembourrer la chaise percée — très en usage au siècle passé, avant l'invention des water-closets — sur laquelle s'asseyait mon susdit aïeul.

— Bravo! disait mon Arabe en étouffant de rire! Bravo! Bravo! Bon garçon! votre aïeul!

Je ne trouvais pas mon aïeul si bon garçon que cela, mais l'Arabe riait de bon cœur et je n'eus pas le courage de lui exprimer toute mon indignation.

La répulsion des musulmans pour les juifs est si grande que, malgré les nouvelles lois en vigueur en Algérie, j'ai entendu un colonel dire :

— On assassine souvent dans mon cercle; quand la victime est un Arabe, je poursuis d'office; si c'est un juif, j'attends la plainte, sinon, ma foi! je ferme les yeux. Je n'ai pas envie de mettre le feu à mon cercle.

Il paraît qu'une des raisons de la révolte d'El-Mokrany, c'était qu'il voulait jeter les Français à la mer pour persécuter les juifs à son aise.

Mes souvenirs m'éloignent de mon récit, que je reprends après avoir demandé pardon au lecteur de la digression.

Une violente secousse me distrait de la contemplation de ce cimetière improvisé, qui, avec les roches noires qui l'entourent de tous côtés, le gouffre béant à nos pieds, la nature aride du paysage, présente un des plus sinistres spectacles qu'il soit donné à l'homme de voir. Nous roulons lancés au galop au fond d'un ravin, entre un fossé et une crevasse. Nouveau temps d'arrêt.

J'entends Jérôme faire : Ouf! Isidore s'approche.

— Encore un pas de franchi, dit-il en riant.

— Vous riez, pourtant il n'y a pas de quoi.

— Que voulez-vous! dans notre métier, on voit la mort à ses pieds, on ferme les yeux, et on passe. Voilà!

Décidément les employés à la circulation publique ne sont pas rassurants en Algérie.

Voici, au fond d'une gorge, une nouvelle montagne-cimetière, mais cette fois au lieu d'être jetées pêle-mêle comme sur l'autre, les pierres sont systématiquement alignées. La diligence qui marche lentement permet à un des Arabes de descendre de la banquette, de ramasser une pierre sur la route et de la poser sur la montagne : un de ses compagnons lui crie quelque chose; le premier Arabe s'empare d'une autre pierre qu'il pose à côté de la première.

Isidore, toujours loquace, m'explique que des Musulmans assassinés reposent là, et que la religion ordonne à tout passant de mettre une pierre sur leur tombe. Il paraît que les bandits de la montagne ne respectent guère leurs coreligion naires.

Un peu plus loin un arbre dénudé, une aubépine sans feuilles, unique trace de végétation aperçue depuis Batna, est couverte de chiffons rouges, noirs, jaunes, qui pendent aux branches, se balancent au gré du vent et représentent des fragments de voiles ou de robes des femmes nomades. C'est un préservatif contre les mauvaises rencontres et un hommage rendu aux mânes des victimes couchées sous le tumulus.

La route n'est pas gaie! La montagne mortuaire totalement couverte de pierres est surtout d'un effet peu récréatif.

Tout à coup au détour de la gorge, le chemin se trouve obstrué par une file de chameaux. Jusqu'où la vue peut s'étendre, à gauche, à droite, en avant, en arrière, des têtes aux longs cous s'abaissent et se relèvent en cadence. Il y en a près de deux mille. La plupart de ces chameaux portent deux gros sacs des deux côtés de la bosse. Quelques-uns ont des cavaliers ; sur d'autres, des femmes au visage découvert, brunes, presque noires, vêtues de bleu ou de rouge. Entre les chameaux, des hommes en burnous blancs, sales, une gaule à la main, des poignards à leur ceinture. Il y en a deux, trois mille : chameaux et hommes couvrent la campagne. Des chiens, presque tous jaunes, de la race des chiens loups, jappent entre les jambes des chameaux, en jouant avec des enfants déguenillés. La voiture ralentit d'allure.

J'avoue que cette file interminable d'hommes à figures patibulaires, armés jusqu'aux dents et qui nous regardent d'un œil rien moins que bienveillant, ces monuments funéraires, témoignages palpables des dispositions d'esprit de ces hommes au milieu desquels nous nous trouvons maintenant, ne manquent pas que de nous faire éprouver quelques craintes.

Cependant la diligence continue son chemin à travers la gorge, au milieu des nomades. Les chameaux s'écartent à son passage et grimpent sur les talus : les enfants crient, les hommes se rangent avec indolence en nous suivant d'un regard sombre. De temps en temps ils causent entre eux : leurs bouches en s'entr'ouvrant laissent voir des dents blanches dans un rictus qui semble nerveux.

Les chameaux emplissent complètement le ravin. Dans ces caravanes immenses, les chameaux ne se suivent pas, et même ne paraissent pas aller du même côté. Tel descend à gauche, tel autre va vers le sud, tel autre vers le nord. Tout cela grouille, semble errer sur la route, et cependant Allah sait par quel miracle tout cela arrive au but projeté. Les chameaux sont absolument libres de leurs mouvements. Les hommes et les enfants vont presque tous à pied.

Je n'ai vu des chameaux harnachés que dans les villes. A toutes les caravanes que j'ai rencontrées sur mon chemin, j'ai eu occasion de remarquer que les nomades laissent parfaite liberté à leurs bêtes. Même pendant une halte, les chameaux errent à l'aventure et on les aperçoit dans les creux des rochers, parfois à mille mètres du campement, brouter l'herbe en allongeant leur cou à travers les pierres.

Jérôme crie; les nomades chassent les animaux qui nous font place. Nous allons encore un kilomètre entourés de chameaux et de nomades; puis nous voilà au milieu des bœufs, des chameaux encore. Les nomades nous considèrent toujours avec le même air rébarbatif.

Bref, au détour de la gorge, nous voyons trois arbres étiques agiter leur feuillage au-dessus d'un ancien télégraphe aérien. La file des nomades dont nous avons réussi à voir la fin après cinq kilomètres, est coupée brusquement à cet endroit. Nous en voilà sortis sains et saufs. Le télégraphe et les arbres nous représentent la station des Tamaris. Malgré le pittoresque de la rencontre, nous sommes heureux de nous éloigner du col des Juifs. Notre contentement s'accroît davantage quand, arrivés devant le cabaret qui occupe l'emplacement du télégraphe aérien, j'entends Isidore dire à Jérôme;

— Comment ne nous a-t-on pas prévenus du passage de cette caravane! J'ai oublié mes pistolets!

Jérôme descend et après avoir reçu dans l'oreille une parole d'Isidore, s'approche résolument de moi, en m'indiquant le cabaret d'un doigt impérieux. Je crois qu'Isidore, remarquant la fascination qu'exerçait sur moi la face revêche de Jérôme, avait demandé à son collègue d'obtenir le paiement d'un petit verre par intimidation.

Ma réponse ne se fit pas attendre : les postillons avaient bien gagné leur pourboire : d'ailleurs il n'y avait ni cabaret, ni colon depuis les Tamaris jusqu'à El-Kantra, c'est-à-dire pendant trois heures. Je tend quarante sous à Jérôme qui daigne me faire une inclinaison de tête. Je crus l'avoir amadoué.

— Le plus difficile est franchi? hein! dis-je.

— La route est la même jusqu'à Biskra, me répondit-il. Chien de métier! va!

Le cabaretier se montra au seuil. Jérôme me quitta.

Le ciel était toujours sombre et menaçant, mais il ne pleuvait plus. Les nomades s'éloignaient lentement ; leur arrière-garde se déployait sur le versant de la montagne.

Le cabaretier ferma les poings et grommela :

— Ah ! les gredins ! Depuis un mois qu'ils traversent la contrée, onne peut plus dormir la nuit. Hier ils m'ont volé deux moutons et une vache.

Un gros chien, couché dans la cour, se dressa : voyant les Arabes, il se mit à aboyer avec fureur.

— Oui ! oui ! dit le cabaretier, aboie! Vous voyez cette bête! Dès qu'elle sent un burnous, elle est excitée! Ça n'aime pas les voleurs !

Je remarquai que le chien qui se leva et vint frotter sa tête aux genoux de son maître, portait un collier garni d'énormes clous.

La voiture descend rapidement dans la vallée de l'Oued-Kantra. La route est d'une monotonie désespérante. Si on ferme les yeux, en les rouvrant on peut se croire entre Batna et Constantine ou entre Batna et les Rdirs. Les ravins deviennent de plus en plus profonds, les secousses de plus en plus fortes. On s'y habitue cependant peu à peu.

Encore des nomades, mais en nombre moindre; ils marchent à côté de leurs chameaux, et se retournent en nous suivant longtemps des yeux.

Tout à coup le paysage se resserre ; nous entrons dans une gorge par une route effrayante d'étroitesse longeant un précipice rocailleux au fond duquel mugit l'Oued-Kantra. Nous sommes totalement entourés de montagnes. Il semble que nous ne pouvons guère avancer davantage, que la route est complètement fermée. Des pics gigantesques barrent le chemin.

En effet, la voiture s'arrête auprès d'une maison européenne enfouie dans un massif d'acacias et de clématites, adossée aux montagnes. C'est l'hôtel Bertrand. Plus loin, on croirait qu'il n'y a plus rien, que c'est la fin de la terre.

Il est une heure de l'après-midi et nous n'avons encore rien mangé. Dans une chambre ronde, un concert d'aboiements salue notre entrée. Une quinzaine de chiens munis de colliers ferrés attendent les voyageurs pour en recevoir leur pâtée. Une table proprement mise nous attend. Les postillons sont à leur huitième lippée de cognac. Dans toute la province de Constantine, le déjeuner de l'hôtel Bertrand est célèbre. J'ai vu des capitaines, voire même des colonels, se lécher les moustaches à ce souvenir. Je crois que la faim atroce qui s'empare de tout homme reveillé à deux heures du matin et secoué physiquement et moralement jusqu'à deux heures de l'après-midi, donne cette illusion du goût, que nous éprouvâmes aussi. A mon retour, quand je passai par El-Kantra, j'appris une fois de plus que la vie était pleine de déceptions.

Après déjeuner nous obtînmes la permission de nous acheminer à pied jusqu'au village de El-Kantra.

— C'est très intéressant, dit Isidore. La voiture vous prendra au détour du chemin.

Enchantés de nous dégourdir un peu les jambes, nous sortons de l'hôtel accompagnés par tous les chiens qui gambadent joyeusement.

— C'est là ! me dit le propriétaire de l'hôtel en désignant du doigt les remparts de rochers barrant hermétiquement la route.

Je ne voyais pas bien comment nous passerions à travers ces blocs gigantesques ; mais, comme en voyage il ne faut jamais discuter avec les gens du pays, nous nous acheminons bravement dans la direction du doigt de l'hôtelier. La gorge se retrécit, nous cheminons dans un sentier creusé dans la montagne. Le précipice devient de plus en plus étroit. Le ciel noir qui pèse sur nos têtes semble un couvercle gigantesque.

Tout à coup le sentier s'ouvre, s'élargit ; un ciel bleu, lumineux, forme à l'entrée de cette échancrure une ligne azurée. Ce n'est pas ce que nous voyons en France, quand les nuages, chassés par le vent, cotonnent l'horizon peu à peu, irrégulièrement, par endroits. Non, c'est une ligne ferme, hardie; derrière, un ciel noir, menaçant ; devant nous, il est limpide, d'un bleu faïence, sans le moindre nuage. Et la ligne de démarcation entre ces deux ciels est droite, régulière. Je n'ai jamais vu un spectacle pareil. C'est la limite de deux déserts, tracée par une ligne, tranchée comme la fracture d'une vitre, ou le côté d'un parallélogramme; les nuages rangés symétriquement au-dessus de nos têtes, semblent enchaînés par une force invisible, qui leur aurait dit : « Vous n'irez pas plus loin. » Ils ne dépassent pas d'un mètre la crête des montagnes qui ferment la gorge. Nous étions toujours au haut du ravin, qui s'approfondit à mesure qu'il descend. Un pont à trois arches, hardi, reconnaissable à sa construction pour un pont romain, coupe le ravin transversalement, et aboutit à une roche abrupte, où il n'y a plus d'autre chemin que celui tracé par les chèvres qui paissent en bandes sur un plan dénudé.

Nous traversons le pont : au milieu, nous nous arrêtons pour jeter un regard dans l'abîme. A nos pieds, à cent mètres, au-dessous de la raie du ciel limpide, nous voyons le feuillage vert d'un palmier, le premier depuis Batna : encore quelques pas et l'oasis d'El-Kantra tout entière apparaît à gauche.

Pour qui n'a pas encore vu la végétation tropicale, rien n'est plus saisissant que cette mer de verdure sombre, uniforme.

L'oasis occupant tout le ravin, formait comme une immense jardinière d'appartement.

Nous étions sur la limite naturelle de deux climats. Entre l'hôtel Bertrand et l'oasis d'El-Kantra il y a, sur un espace de 500 mètres à peine, sept degrés de chaleur de différence. L'hôtel Bertrand, c'est le climat de Rome. L'oasis est beaucoup plus chaude qu'Alger ou Tunis. A l'hôtel, il pleut régulièrement trois mois de l'année, à El-Kantra, il pleut une fois tous les deux ans. Il faut dix minutes à pied pour aller de l'oasis à l'hôtel.

Le pont, que nous nous mîmes à examiner après nous être rassasiés de ce spectacle, est de construction romaine, mais réparé par les Français, ainsi que le témoigne une inscription gravée sur le rocher.

2me et 51me de ligne,
2me de génie, 1844.

Ces deux grandes nations, dont le monde entier connaît le nom, se sont rencontrées encore une fois à un des points les plus grandioses de la terre. L'endroit où nous nous trouvons est appelé par les Arabes Fouen el Sahara (Bouche du Sahara). La montagne a, en effet, une assez grande ressemblance avec une bouche ouverte. Si ce n'est pas tout à fait l'entrée du vrai Sahara, qui est encore distant de 40 kilomètres, c'est le commencement de la région des dattes et du pays de Ziban.

Nous sommes distraits de notre contemplation par la voix impérieuse de Jérôme, qui crie :

— Allons ! assez flâné !

La diligence fait encore cent pas sous un ciel gris et sombre, puis, entrés dans la région lumineuse que nous apercevions du pont, nous nous trouvons tout à coup dans une atmosphère tiède, parfumée.

Les montagnes en s'élargissant dessinent une vallée large et profonde, qui, aux rayons du soleil, prend une teinte jaune. Derrière nous les rochers sont violets, plus loin complètement noirs. Ce qui est en arrière, nous paraît, une fois que nous n'y sommes plus, comme la bouche d'un four, ou plutôt, — de la région lumineuse où nous sommes, — comme l'antre de l'enfer.

La diligence traverse l'oasis et côtoie un village arabe, comme nous n'en avons pas encore vu. Des maisons en terre jaunâtre, en pisé, à portes étroites, jetées pêle-mêle au milieu des palmiers : sur les seuils, sur les terrasses, des hommes en burnous : quelques femmes voilées dans les rues. Au fond un dôme blanc, le marabout ; plus loin une flèche crénelée, le minaret.

El-Kantra (en arabe, le pont) (Calceus Herculis),

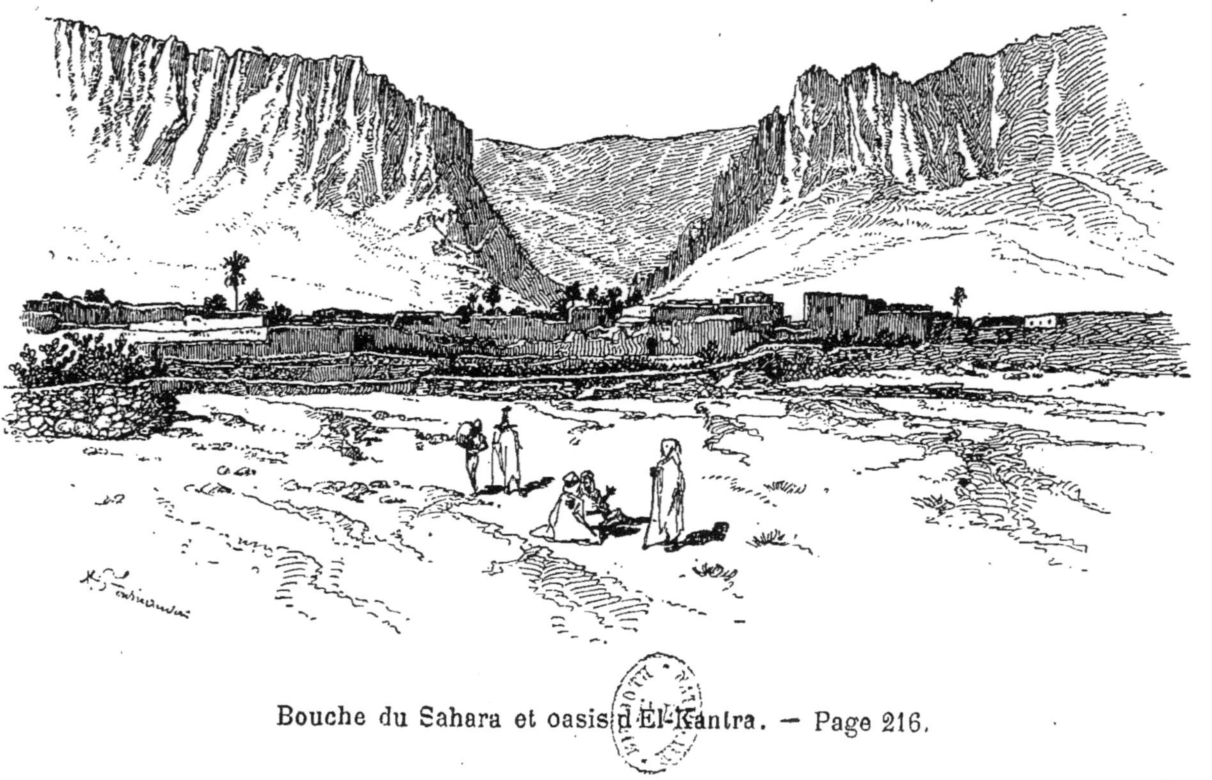

Bouche du Sahara et oasis d'El-Kantra. — Page 216.

commune indigène, composée de trois douars d'une population de 2,000 âmes, est gouverné par un cheick de la grande famille des Ben Ganah, dont j'aurai l'occasion de parler plus tard en détail. C'est le premier village des Zibans. El-Kantra est entouré d'un mur en pisé, servant jadis de fortification, aujourd'hui insuffisant même contre les hyènes et les chacals qui foisonnent dans le pays. On trouve dans l'oasis des fragments de chapiteaux, de colonnes, d'ornements d'architecture, qui prouvent que les Romains y avaient été solidement établis.

L'inscription suivante : « Autel élevé à Mercure par Julius Rufus de la IIIme légion auguste », témoigne ici encore du passage de cette célèbre légion. Le moindre déblai met à découvert des tombes romaines.

En sortant d'El-Kantra, la vallée s'élargit au point que dix kilomètres à peine de route, font presque complètement perdre de vue les montagnes. On n'est pas encore au Sahara, mais on est déjà dans le désert. L'éloignement des montagnes fait paraître ce désert plus désolé. La route est détestable. Les ravins succèdent aux ravins ; tantôt on longe l'Oued, tantôt on le traverse à gué, sur les pierres et par des escarpements inimaginables. On rencontre ce malheureux fleuve sans eau au moins dix fois. Nos os sont rompus. Des bandes d'énormes corbeaux noirs rendent le paysage plus sinistre encore. Parfois, un vautour, fixé dans l'air, plane au-dessus de la voiture. Dans le sable quelques vipères cornues passent en sifflant. Le sable est subitement remplacé par des cailloux ; on rencontre des fossiles, des huîtres et des peignes pétrifiés en grande quantité à cet endroit.

La vallée se resserre de nouveau : à notre gauche le Djehel Selloum avec les ruines du Burgum Commadarium, redoute élevée par Marc-Antoine Gordien, fils de Marcellus, pour servir d'observatoire et veiller à la sécurité des voyageurs, ainsi que l'apprend une inscription latine. Il paraît que les routes du Tell au Sahara n'étaient pas sûres du temps des Romains.

Nous nous arrêtons en montant au Hamman, — une de ces sources chaudes si nombreuses dans la région de l'Atlas, — en vue d'une grande montagne de sel, qui brille comme un diamant au milieu des cailloux. C'est le Djehel el Melah, exploité d'une façon primitive par les Arabes. L'horizon est fermé par une ceinture ou plutôt une longue tache verte ; l'oasis d'El Outaïa, le dernier relais avant Biskra.

Le village arabe d'El Outaïa, ressemble à El-Kantra. D'ailleurs, tous les villages des Zibans sont identiquement pareils ; même construction en pisé, mêmes fenêtres étroites, mêmes palmiers se penchant mollement au-dessus des enclos en terre. Sur la place où se trouve le relais, autour d'une voiture européenne, — un coupé de Paris, — plusieurs soldats français devisent gaiement. Je m'approche des troupiers pendant que l'on change les chevaux et j'apprends que la voiture, appartenant au kaïd de Biskra, va quérir une de ses femmes. Quant aux troupiers, ils arrivent de Biskra, se rendent à Batna et campent à El Outaïa.

Je leur demande des nouvelles de la route. Un des troupiers me répond en riant et étendant la main vers le sud :

— Voici le Djebel ben Nezal, et le col de Sfa. Ils donnent le nom du diable à cette montagne et ils ont raison ! Vous avez un fichu quart d'heure à passer avec votre patache. Il n'avait pas plu depuis deux ans, et comme un fait exprès une averse est tombée avant-hier ! Le chemin est presque impraticable.

Un autre soldat, m'entendant parler du bouton de Biskra, retrousse la manche et me montre un des plus beaux spécimen du fameux furoncle. Le bouton de Biskra est gangréneux et de la même famille que le bouton d'Alep ; cependant il m'a paru plus bénévole. C'est une croûte noire de la grosseur d'une noix, recouvrant un ulcère. En examinant le bras du soldat, il m'a semblé que les bords du bouton n'étaient ni trop enflés, ni trop livides. Dans la suite, j'appris qu'en effet, pour être dangereux, le bouton de Biskra n'est pas précisément mortel. Il faut beaucoup de ces ulcères pour tuer le patient. Un, deux et même trois boutons ne donnent pas de fièvre et n'empêchent nullement le malade de vaquer à ses affaires : dix ou vingt font enfler le corps ou la figure : alors on est obligé de quitter le pays, d'aller en France, et quand on est guéri, on garde des cicatrices qui n'embellissent précisément pas. Il arrive aussi qu'on en attrape trente ou quarante... auquel cas on meurt.

Il s'agit donc de ne pas attraper plus de cinq clous, chiffre rond ; ce dont je me mis à supplier la Providence.

Le soldat me dit que c'était bien la saison malsaine, mais qu'un voyageur de passage ne courait aucun risque. Comme je ne comptais pas me fixer à Biskra, je respirai. En me voyant sourire, le soldat ajouta que cependant il ne fallait pas prendre le germe du bouton, car il se déclarait parfois à Constantine ou en mer huit ou quinze jours après le départ de Biskra.

Pour en finir avec ce clou, l'un des grands inconvénients de la région des palmiers, j'ajouterai qu'il dure six mois, et qu'il laisse toujours une cicatrice. Les uns prétendent qu'il est engendré par l'eau de Biskra, d'autres par la piqure d'un moustique. Il règne sur toute la contrée depuis les

Tamaris jusqu'au Touggourt et commence par présenter l'aspect d'un bouton de chaleur. Ces renseignements obtenus, on comprend quelles transes je ressentis pendant plus d'un mois à l'apparition du plus petit bouton.

Entre El Outaïa et le col de Sfa, la diligence relaie à une petite oasis nouvellement formée. (On forme une oasis en creusant un puits artésien, et des canaux pour recueillir l'eau pluviale.)

L'oasis dont je parle, composée d'une ceinture de jeunes palmiers, s'appelle la fontaine des Gazelles ; elle a été conquise sur un pays de sable et d'huîtres fossiles. Une maison arabe, un enclos, un hangar pour les bestiaux, voici toute l'oasis. Un homme d'une stature élevée, à longue barbe blanche, debout sur la route, considère la diligence.

— Le commandant Ross... dit Isidore.

Je pense qu'un commandant condamné à demeurer dans ce pays a dû pour le moins assassiner son colonel. Cependant l'officier s'approche de nous, sourit et voyant que je désire entrer en conversation, s'y prête avec bienveillance.

— Vous devez avoir beaucoup de bêtes fauves ?

— Trop peu ! répondit-il en souriant. Nous sommes obligés de batailler contre les nomades sans aucun profit ! Du moins les peaux des lions et des panthères se vendent bien.

Le commandant Ross, ancien chef de bureau

arabe, n'a tué aucun colonel ; après avoir épousé une femme indigène, il reçut sa retraite, et vint au désert par goût et par nécessité. Aimant la vie large et aventureuse, habitué au climat d'Afrique, trop pauvre pour habiter à Alger, trop fier pour y végéter, il a formé cette oasis qui deviendra un jour peut-être un village. Comme les autres colons, le commandant nous suivit longtemps de l'œil pendant que nous montions le col de Sfa.

En face de nous est l'immense Sahara. La mer ! La mer ! cria un soldat français en l'apercevant pour la première fois. C'est une illusion facile à comprendre. Le désert, vu surtout aux rayons du soleil couchant, prend une teinte uniforme, d'un violet sombre. Les oasis dont il est parsemé et qui l'ont fait comparer par Ptolémée à une peau de panthère, sont invisibles à cette heure. L'horizon se confond avec un violet aqueux à force d'être uniforme. Le silence est profond, le soleil en se couchant colore les derniers contre-forts de l'Atlas, qui forment au-dessus du Sahara une ligne regulière et escarpée, d'une couleur rouge si sombre, qu'il semblerait presque impossible à un peintre de la saisir. Dans l'air, pas un oiseau : à nos pieds, pas un souffle de vent, pas un vestige de vie. Une mer de sable violet d'un calme plat, venant mourir aux pieds des roches qui semblent des falaises.

La descente du col de Sfa est une de nos grandes

Le désert. — Page 223.

appréhensions. Les deux postillons étaient haletants, très émus par leurs nombreuses libations ; la pluie avait creusé des rigoles dans le chemin étroit. Jérôme fait claquer son fouet et nous descendons à fond de train une route tracée au-dessus d'un précipice affreux, en faisant des courbes d'une hardiesse inouïe. Juste à ce moment la nuit qui, dans ces parages, succède toujours brutalement au jour, tombait. La lune apparaissait entre les montagnes et en colorant le fond du ravin, faisait scintiller les cailloux pointus dont il était couvert.

Les roues de la diligence en heurtant ces cailloux, nous font faire des soubresauts. Les chevaux, aux courbes, redoublent d'allure, les bagages amoncelés sur la voiture oscillent avec un bruit sourd, et nous voyons avec effroi une des roues de la diligence tournoyer dans le vide au-dessus d'un précipice sans fond. Jérôme s'en aperçoit aussi, car il cingle les reins des chevaux avec un juron formidable. Une secousse s'en suit, nous fermons les yeux. Dieu seul sait comment la diligence a repris son équilibre. Les chevaux endiablés vont à fond de train, sans se préoccuper du véhicule qu'ils traînent. Les postillons prétendent que cette route eut été impraticable à des chevaux européens, mais que jamais un cheval arabe n'est tombé. C'est possible, mais cela n'empêche pas, que, vu la façon de descendre de nos animaux, ils pourraient sans tomber eux-mêmes dans un précipice, y précipiter les voyageurs.

Nous nous retrouvons couverts de sueur et très émus au pied du col de Sfa... Après la tempête, le calme. La lune éclaire mollement l'immense plaine sablonneuse, en faisant miroiter les touffes de bruyères. Les deux brillantes étoiles, nos amies de voyage, apparaissent l'une derrière l'autre, sous les dernières cimes de l'Atlas. En face de nous s'étend une ligne noire : c'est la première oasis du Sahara proprement dit, l'oasis de Biskra.

L'une des particularités du Sahara, c'est que l'on voit de très loin les oasis qui se détachent en ombre sur le sable. En allant d'un endroit à l'autre, on aperçoit presque au départ, le but du voyage distant parfois de 15 ou 20 lieues.

« Le pieux musulman qui ne fait pas l'aumône, a dit un poète, voit le paradis sans pouvoir jamais y pénétrer. Tel le voyageur de Sahara qui meurt de soif et de faim, en regardant pendant des journées entières l'oasis vers laquelle il dirige ses pas. Allah Kébir (Dieu est grand). Aux uns il confie la force des membres, aux autres la force du cœur. La force du cœur, c'est la charité. »

Nous apercevons Biskra à la lueur de la lune, mais il faut encore une bonne heure avant d'y arriver,et comme Allah nous avait refusé la force des membres, nous sommes exténués. La sublimité même du spectacle qui se déroule devant nos yeux ne peut prévaloir contre la fatigue.

Nous arrivons à Biskra à dix heures du soir, c'est-à-dire dix-huit heures après avoir quitté Batna.

IX

Biskra. — La première nuit. — Le régime militaire. — Le kaïd. — Les Ben-Ganah. — Le village nègre. — Les Ouled-Naïls. — Le désert. — Le cure-dent du Prophète. — Nomades. — N'bitta.

Biskra est bâtie sur la lisière nord de l'oasis, à l'entrée du désert. La diligence, après avoir roulé une heure sur le sable du Sahara, débouche sans transition dans une rue large et très régulière, bordée de maisons européennes, à un étage, blanchies à la chaux. Le manque absolu d'éclairage rend plus fantastique encore la foule des Arabes qui entoure la poste, lieu de débarquement des voyageurs. Ces figures basanées, presques noires, enveloppées théâtralement dans des burnous blancs, colorées par le léger scintillement d'une myriade d'étoiles, produisent une impression étrange. J'hésitais presque à descendre de la diligence ; il me répugnait de m'enfoncer dans cette foule d'un autre continent, tant il est vrai que l'habit fait le moine. Mon hésitation avait uniquement pour cause l'absence de vêtements européens et d'uniformes français, que j'avais toujours vus jusqu'ici émailler les groupes des burnous.

Les Biskris, trop noirs, vêtus de trop de blanc, m'effarouchaient, me semblaient hostiles, parce qu'ils ne me ressemblaient pas. J'appris à ce moment combien était vrai le sentiment de ce voyageur descendu pour la première fois sur la côte de l'Afrique centrale et ayant peur d'entrer seul dans un cercle formé par une population de nègres.

L'appréhension que j'éprouvais dura naturellement un quart de seconde tout au plus. Je me mêlai à cette foule rien moins qu'hostile, qui d'ailleurs s'éparpillait dans les rues, après avoir assisté à l'arrivée de la diligence. Nataf ne connaissait la ville guère plus que moi : il nous fallut, pour trouver l'hôtel, nous adresser à un promeneur indigène, qui sourit gracieusement et s'offrit à nous accompagner. Se plaçant, suivant l'habitude arabe, à quelques pas en avant de nous, il se dirigea vers une rue latérale. Tout en le suivant, je l'examinais. Il était pieds nus ; un burnous d'étoffe grisâtre lui servait de vêtement : il n'avait ni chemise, ni caleçon, ni turban. Pour se couvrir la tête il relevait son burnous, qui à ces moments ne dépassait pas les genoux : abaissé, il descendait jusqu'aux chevilles. Malgré ce costume primitif, la démarche de l'Arabe me sembla majestueuse, ses gestes empreints d'une dignité réelle. Arrivé à une rue à arcades longeant un taillis, qui, à cette heure, me parut avoir les proportions d'un bois, il désigna du doigt une maison et sans demander son bakchich (pourboire), il s'éloigna gravement.

Quelques instants après nous entrons à l'hôtel Medan, établissement peu luxueux, mais qu'on est très heureux de trouver dans ces parages. Quoique les chambres qui nous échurent en partage n'eussent pour tous meubles qu'un lit et deux chaises de paille, nous poussons un soupir de soulagement de ne plus sentir les cahots de la diligence, et quelques instants après nous sommes profondément endormis. Au beau milieu de la nuit des coups de fusil me réveillent en sursaut. Un soupir rauque, profond, poussé presque sous mes fenêtres, me précipite au bas du lit : je cours à la fenêtre voulant l'ouvrir, et je constate avec étonnement que les volets étaient cloués aux châssis. Un autre soupir, plus lamentable, retentit à ce moment : j'ouvre la porte, et me lance à travers un corridor sombre. En avançant je me heurte contre les jambes étendues d'un garçon indigène nommé Ali, qui dormait par terre. Ali me saisit par la manche de ma chemise en marmottant quelque chose en arabe. Je crie en français :

— Mais vous êtes donc sourd! on s'assassine dans la rue?

Ali répondit — toujours à la façon arabe, à tout excepté à la question. —

— Nouveau voyageur! faut pas promener dans les couloirs, c'est défendu!

— Je te dis qu'on assassine en bas!

— Pas de danger! Hôtel bien défendu! cinq gardiens!

— Mais dans la rue! Tu n'as donc pas entendu les coups de fusil.

— Oui! toutes les nuits, coups de fusil : les hyènes rôdent dans le jardin.

— On a soupiré sous mes fenêtres.

— Non! demain on trouvera hyène là-bas! C'est Mohammed qui est de garde; il a tiré; lui tire bien!

— Pourquoi clouer les volets contre les châssis... Je n'ai pas pu ouvrir la fenêtre?

— Pourquoi ouvrir la fenêtre! hôtel fermé, gardé, personne ne doit sortir ni entrer la nuit... et puis en été, dans le jardin, beaucoup serpents, scorpions, tarentules.

Nous voici enfin dans un pays comme on les rêve quand on va en Afrique. Bône, Constantine et Alger sont trop resserrées dans leurs constructions, pour qu'on s'y aperçoive du changement de continent. Ici, on est en plein désert, en face d'une forêt; l'hôtel, c'est une forteresse : à deux pas la campagne, l'espace, les dangers de toutes sortes.

Hélas! tout cela disparaît avec le jour : le taillis, la forêt d'arbres, si touffue et si sombre de nuit, paraît le matin ce qu'elle est en réalité, un jardin public, très vaste, assez mal entretenu, précédant la place de la cathédrale, construite sur le modèle invariable des églises de nos jours; la rue, fantastique à la lueur des étoiles, est monotone sous ses arcades régulières : les maisons, hier soir si éclatantes de blancheur, sont grises : les burnous même des Arabes redeviennent des haillons sales et déchiquetés. Vous êtes rendus à la réalité et le premier moment vous amène une désillusion violente.

Mais peu à peu, en regardant autour de vous, vous vous reprenez à l'espérance. En effet, si tout n'est pas aussi saisissant que vous l'avez rêvé, le paysage diffère de celui que vous êtes habitué à voir. Le soleil, chaud, vivifiant, brille de tout son éclat au milieu d'un ciel d'azur, et éclaire les panaches des milliers de palmiers dont les touffes forment parasol au-dessus des maisons : la végétation des jardins est étrange : l'herbe des gazons est grasse : ce sont des bambous qui forment les broussailles, et le ruisseau qui coule dans les canaux, baigne une terre rouge, d'un rouge d'ocre, ombragée par des touffes de joncs et de geranium inconnus à nos climats.

Des grappes de dattes, lourdes, maladroites, jaunes, se balancent sous le panache vert des palmiers immobiles : ce balancement est à peine perceptible; ce n'est pas le vent qui le produit, c'est le poids des dattes. Un susurrement perpétuel, témoignage de cette vie d'insectes, absente dans nos squares, bourdonne aux oreilles, et de grandes ombres d'oiseaux passent au-dessus de la tête, se dirigeant vers ce fond rougeâtre que l'azur du ciel produit au loin au contact du sable du Sahara.

J'avais une visite officielle à faire au commandant supérieur du cercle, visite obligatoire à tout étranger, et des lettres de recommandation à porter aux capitaines des spahis et des chasseurs d'Afrique et au kaïd de Biskra, Si Mohammed Srigher ben Ganah. Je m'acheminai donc, ayant Nataf sur mes talons, au hasard de la ville, me fiant à l'obligeance des indigènes.

Biskra, ville de 8,000 habitants (7,500 indigènes et 500 Européens), est composée de plusieurs villages récemment réunis dans une seule commune. La nouvelle ville de Biskra n'occupe qu'un petit coin de l'oasis. On rencontre l'ancienne ville à deux kilomètres plus loin, et quelques villages sont disséminés dans la forêt de palmiers, qui compte 200,000 de ces arbres. Biskra est situé à 36°57 latitude N. et 3°,22 longitude E., à 111 mètres au-dessus du niveau de la mer : c'est la dernière ville de la province de Constantine soumise directement à l'autorité française, et régulièrement administrée. Les oasis entre Biskra et Touggourt reconnaissent la domination française représentée tout au plus par *un spahis* indigène (1), tout en s'administrant selon leurs propres lois. La ville de Touggourt elle-même, quoique comprise dans nos possessions, n'est en réalité que notre vassale. Quelques spahis ou turcos, de ceux dont les familles habitent les environs, y tiennent garnison (2), mais l'agha est tout aussi puissant qu'avant l'occupation, sous réserve bien entendu de reconnaître la suprématie de la France. A Biskra la domination française est réelle, très bien assise ; la civilisation avance à grands pas. A la fois chef-lieu d'un cercle militaire, et de la région des Zibans, Biskra possède des casernes, un hôpital et une administration régulière, essentiellement militaire.

Les possessions françaises d'Algérie sont partagées en territoire civil et territoire du commandement. Les lois en vigueur en France régissent les communes du territoire civil : le territoire du commandement est soumis au régime militaire. Les communes se subdivisent en communes de plein exercice, mixtes et indigènes. Les communes de plein exercice sont administrées par un maire assisté d'un conseil municipal élu selon les lois françaises, avec cette seule différence que les assesseurs musulmans ayant voix délibérative, sont désignés par le gouverneur général, parmi les indigènes parlant

(1) Je reviendrai sur ce système de colonisation.

(2) Sur leur demande : ce sont des volontaires pour la plupart.

français et ayant donné des gages de leur dévouement à la France. Les conseillers municipaux et les conseillers généraux arabes, ne prennent pas part à l'élection sénatoriale. Les communes mixtes sont formées de circonscriptions où la population indigène est dominante, mais paisible et inoffensive. Un administrateur y fait fonctions de maire, avec l'assistance d'un conseil municipal nommé par le gouverneur général. Les communes indigènes sont régies par un kaïd nommé par le gouverneur et soumis au commandant militaire.

La ville de Biskra, chef-lieu d'un canton du territoire du commandement de Constantine, subdivision de Batna, est une commune mixte. Les villages de l'oasis de Biskra forment des communes indigènes, qui, avec d'autres oasis, occupent un espace de 5,800,000 hectares, habité par une population de 112,000 âmes, soumise à la juridiction du kaïd.

L'autorité réelle, indiscutable, presque royale est entre les mains du commandant supérieur du cercle.

Occupée en 1844 par le duc d'Aumale, la ville de Biskra est trop éloignée des établissements français et sert de métropole à une contrée trop étendue et pas assez peuplée, pour avoir mérité, jusqu'à présent, d'attirer sérieusement l'attention du gouvernement. A l'entrée du Sahara, composée d'oasis disséminées dans le désert, n'ayant presque pas de colons, sillonnée en tous sens par les nomades du centre de l'Afrique, la région des Zibans est habitée par une population indigène hostile à la France. Du temps d'Aly Bey, le kaïd de Biskra était presque aussi indépendant que l'agha de Touggourt. Une récente révolte eut pour résultat l'occupation définitive. Aujourd'hui le régime militaire le plus rigoureux règne — sinon dans le Ziban — ce serait trop s'avancer, du moins à Biskra. Le lieutenant-colonel Nœlla, qui commandait le cercle en 1878, époque où j'ai visité le Ziban, était omnipotent sur ce petit coin de terre.

Cet officier supérieur m'a fait avec la plus grande courtoisie les honneurs de son habitation et de son jardin, où une autruche et des gazelles se promènent en liberté. Pendant que je me trouvais chez le colonel, un magnifique Arabe apparut au seuil. Il était vêtu d'un burnous d'une blancheur immaculée, et coiffé d'un haut turban entouré d'une triple corde en poil de chameau ; sa figure était d'une régularité remarquable : une fine moustache se confondait avec une barbe claire, mais soyeuse et très soignée. D'un geste digne, mais si respectueux qu'il en était humble, il salua le colonel qui lui dit :

— Entrez, cheick Si Mohammed. Entrez !

Et se tournant vers moi :

— Permettez-moi, prince, de vous présenter le fils aîné du kaïd de Biskra, qui est lui-même cheick de Sidi Okha.

Nous nous saluâmes. Si Mohammed me sourit gravement. Je dis au colonel :

— Je suis d'autant plus heureux de me rencontrer avec le cheick, que je suis porteur d'une lettre de recommandation pour son père : de ce pas, j'allais me rendre chez lui.

Si Mohammed dit en excellent français :

— Oh ! alors... vous me permettez de vous quitter pour avertir mon père... Si le colonel, toutefois, veut bien m'y autoriser, s'empressa-t-il d'ajouter en rougissant légèrement.

— Allez, cheick, dit le colonel, les devoirs de l'hospitalité avant tout.

Le cheick s'inclina et allait s'éloigner ; le colonel le rappela d'une voix quelque peu sévère.

— Vous n'avez rien de nouveau à me dire ?

— Rien encore !

— C'est regrettable, cheick Si Mohammed ! Allez !

Il congédia l'indigène d'un geste hautain. Quand nous fûmes seuls, et voyant la curiosité peinte sur mon visage, le colonel me dit :

— Le père du cheick, le plus grand seigneur des Zibans, s'appelle Sidi Mohammed Srigher (le petit). Il est kaïd de Biskra et commandeur de la Légion d'Honneur. Fils de ce prince du Sahara venu faire sa soumission avec un goum si magnifiquement vêtu, que nos soldats l'ont surnommé, on n'a jamais su pourquoi, « le serpent du désert, » Sidi Mohammed est le chef de l'illustre famille des Ben Ganah. Sa mère était fille du dernier bey de Constantine. Jadis son influence dans le Ziban était contrebalancée par celle d'Aly Bey, mais après la révolte, où la conduite d'Aly Bey n'a pas été exempte de reproches, tandis que les Ben Ganah prouvaient leur dévouement à la France, le gouverneur général a couvert cette famille de sa protection. Aujourd'hui Aly Bey est interné à Alger; les Ben Ganah tiennent toute la contrée. Mohammed Srigher, kaïd de Biskra, étend sa juridiction sur tout le cercle: 110,000 indigènes dépendent de lui : son frère Sidi Boulakrass est kaïd des Nomades; le jeune homme que je viens de congédier est cheick de Sidi Okha, la capitale religieuse des Zibans : les cheicks d'El-Kantra, de Lamri, de Liance sont parents ou alliés de la famille Ben Ganah.

Le colonel ajouta :

— Le kaïd de Biskra a deux cent mille francs de rentes. Ses deux frères possèdent d'énormes forêts de palmiers, ses cinq fils ont chacun une fortune! Ce sont en vérité de forts grand seigneurs et leur influence sur les populations est indiscutable.

Je ne pus m'empêcher de sourire un peu ironiquement; le regard du colonel me demanda l'explication de ce sourire.

— Colonel, dis-je, je trouve que vous ne les

traitez guère en grands seigneurs. Vous avez parlé très sévèrement à ce jeune homme et...

Le colonel m'interrompit :

— Un des habitants de Sidi Okha vient de commettre un assassinat. J'ai ordonné qu'on le recherche. Pendant le passage des nomades, nous sommes obligés de redoubler de surveillance pour donner un peu de sécurité à ce pays, traversé par des hommes dont on ne peut retrouver les traces, une fois qu'ils sont enfoncés dans le désert. Si les Arabes sédentaires se mêlaient de commettre des crimes, le désordre deviendrait général. J'ai parlé sévèrement au cheick pour stimuler son zèle! D'ailleurs, soyez-en persuadé, il faut que les Arabes sentent la férule du maître. Moi, le chef du pays, j'emploie une certaine courtoisie dans mes relations avec les indigènes; si vous voyiez comment les autres officiers les traitent!!! Je vous le répète, c'est malheureusement nécessaire.

J'ai vu, en effet, dans la suite, combien ces paroles étaient vraies et combien les façons froides, mais polies, du colonel, contrastaient avec la brutalité de ses subordonnés. Je ne suis cependant pas de son avis, quant à la nécessité de maltraiter les Arabes. Je ne crois pas utile à des conquérants de faire peser un joug déjà assez sensible par lui-même. En Afrique et surtout dans les territoires des commandements, le plus mince officier français croit de son droit de traiter avec arrogance le kaïd ou le cheick de la ville où il réside, avec mépris les autres indigènes ; les colons eux-mêmes, forts de la protection quelque peu dédaigneuse des officiers, se permettent de brutaliser les Arabes. J'ai vu le propriétaire de l'unique hôtel d'une ville d'Algérie, terrasser à coups de poing dans la figure un indigène qui parlait dans la rue à un voyageur. Questionné, le colon répondit :

— C'était mon serviteur : je l'ai chassé et je ne veux pas qu'il gagne sa vie sur moi, même indirectement. Je lui administre une volée chaque fois que je le rencontre avec un de *mes* voyageurs.

(J'ouvre ici une parenthèse pour faire remarquer combien, en Algérie, les voyageurs sont peu de chose; les conducteurs des diligences les traitent comme des paquets, les hôteliers en font leur propriété.)

Les officiers les plus éclairés sont par esprit de corps ou peut-être par principe d'une exigence révoltante avec les Arabes.

Il m'est arrivé d'être invité chez des indigènes de distinction en compagnie d'officiers français qui n'arrêtaient pas de critiquer l'hospitalité reçue. Les militaires ne perdent jamais l'occasion de faire sentir aux vaincus qu'ils sont les maîtres. C'est, à mon avis, une faute. L'incontestable supériorité des Anglais et des Prussiens, c'est cette courtoisie hypocrite qu'ils emploient dans leurs rapports avec les races soumises. Le joug n'en est pas plus léger, mais on le sent moins. Cette hypocrisie politique a toujours manqué aux Français et aux Russes, et c'est là peut-être une des causes principales de la fréquence des révoltes des Arabes, des Circassiens et des Polonais.

On peut dominer sans humilier : l'homme, bien traité par son maître, oublie plus facilement la servitude, s'assimile peu à peu à son dominateur, et un moment arrive où l'assimiliation devenant absolue, toute ligne de démarcation s'efface.

Je dois cependant ajouter que les officiers supérieurs traitent beaucoup moins mal les indigènes d'Afrique que les jeunes officiers. Les gouverneurs généraux sont polis; les colonels sont hautains, mais courtois; les capitaines et lieutenants affectent la brusquerie; le sans-gêne des sous-officiers ne laisse rien à désirer. Malheureusement les Arabes n'ont de rapports journaliers qu'avec des militaires de grade inférieur.

Je prie mes excellents amis de Biskra de croire que cette critique n'est pas à leur adresse : bien au contraire. La façon toute aimable dont ces messieurs traitaient les Arabes, m'a fait paraître d'autant plus choquante la conduite des autres militaires. J'ai vu un indigène, reçu chez le colonel Nœlla, admis dans son salon, traité en camarade par les capitaines de chasseurs d'Afrique et de spahis, brutalisé dans une localité — où je l'ai rencontré par hasard, — par un lieutenant dont je suis enchanté d'ignorer le nom.

Je quittai le commandant supérieur du cercle, touché de sa réception cordiale, et je me rendis chez le kaïd, à travers le dédale tortueux de la ville arabe. Les trois rues tirées au cordeau de la cité française ne ressemblent guère au quartier arabe, fouillis de maisons construites en terre glaise, sans aucune symétrie. Les enclos qui protègent les habitations, sont parfois en pisé, parfois blanchis à la chaux. Des palmiers croissent en liberté dans les rues et égaient l'aspect monotone de la ville.

La maison d'un grand seigneur saharien, c'est un palais-forteresse. Des murs peu élevés, mais suffisants contre une attaque à l'arme blanche, entourent l'habitation de tous côtés et forment un trapèze irrégulier. On y pénètre par une porte large, blanchie à la chaux. Dans la vaste cour, des chameaux couchés, sont alignés au mur. Des sacs de dattes gisent à côté... La principale richesse du pays consiste en dattes. Un riche Arabe exporte ces fruits qu'on lui envoie tous les jours des diverses oasis du désert.

De nombreux indigènes sont accroupis dans la cour et sur la rue, et forment comme une garde d'honneur des deux côtés de l'entrée. Ce sont les domestiques, les clients et les ouvriers, nourris, vêtus et logés par le kaïd. Les années de disette, le nombre de ces serviteurs augmente dans des proportions insensées.

— Que font-ils? ai-je demandé un jour à Si Mohammed? A quoi vous servent-ils?

— Parfois à une commission : le plus souvent à rien, mais il faut bien s'entre-aider, répondit-il.

Il ajouta en riant :

— Quelques-uns font partie de mon goum.

Le goum, c'est l'armée d'un prince du désert : jadis, il servait à maintenir sa puissance dans les oasis lui appartenant : aujourd'hui ce n'est qu'une escorte d'honneur qui l'accompagne le jour où il va récolter l'impôt, au nom de la France, dans le cercle qu'il administre.

Après avoir traversé les rangs des serviteurs et longé la file de chameaux, on se trouve au centre de la cour entourée de bâtiments bas blanchis à la chaux. Ce sont les écuries, les chenils, les magasins à dattes et les remises. Le kaïd de Biskra, qui entretient plus de cent chevaux, de cette belle race arabe presque disparue chez nous, possède des voitures de Paris. Le chenil est habité par une vingtaine de sloughs, lévriers de grande race, seuls animaux de la création qui rattrapent une gazelle à la course. Grands, minces, avec des jarrets d'une solidité à toute épreuve, ce sont les plus beaux échantillons de la race canine qu'on puisse voir.

Les écuries et les remises forment un cercle qui aboutit à une porte s'ouvrant sur un salon de réception, meublé à l'européenne, unique endroit de l'habitation où un étranger est admis d'emblée. Je crois qu'ici, plus encore qu'en Turquie, la vie des femmes est entourée de mystère. Je n'ai jamais vu dans la rue les femmes des seigneurs arabes. Cependant le kaïd de Biskra et ses quatre fils sont mariés.

Le jeune cheick de Sidi Okba m'avait précédé et annoncé à son père, qui m'attendait avec lui et un autre de ses fils, Si Hamida. Il est rare de rencontrer un homme aussi beau que Sidi Mohammed Srigher Ben Ganah. Sa barbe courte mais soyeuse, d'un noir de jais, encadre un visage d'un ovale parfait, au milieu duquel brillent des yeux de feu. La bouche est petite, les dents d'une blancheur éblouissante, le teint pâle et mat, les mains fines. Quoique petit de taille, sa démarche et ses gestes sont pleins de majesté. Il entre appuyé, ainsi qu'un patriarche, sur les épaules de ses deux fils, et s'assied en m'indiquant un fauteuil. Les jeunes gens restent debout : ici les mœurs l'exigent. Sidi Mohammed Srigher ne parle que l'arabe. Le cheick de Sidi Okba, qui, en revanche, parle et écrit le français comme un Tourangeau, nous sert d'interprète. La conversation, ne peut être très animée : après un échange de compliments, je me lève : alors Sidi Mohammed dit :

— Je regrette une fois de plus de ne pas savoir la langue de *mon pays*, car je ne pourrai vous être d'aucune utilité.

Mais voilà un jeune homme, dit-il en frappant sur l'épaule de Si Mohammed, qui me suppléera en tout.

— L'autre aussi, ajouta-t-il, en désignant du doigt Si Hamida. Je les mets tous deux à votre disposition.

Quand on me traduisit ces paroles, je les avais déjà comprises, tant les gestes de Sidi Mohammed étaient expressifs.

— A revoir! dit-il, cette fois en français.

Le kaïd est une puissance dans le Ziban ; il lève les impôts, administre les indigènes, tranche les questions litigieuses et jouit de grandes prérogatives. Toutefois, il est obligé, dès qu'il s'agit d'une affaire grave, d'en référer au commandant supérieur, son chef immédiat. Malgré ce vasselage, le kaïd est respecté par les indigènes peut-être plus que l'autorité française. Dans la rue, les Arabes lui accordent les signes extérieurs de la plus profonde déférence, qu'il accepte d'un air de dignité superbe. Ceux qu'il appelle à lui, font un humble salut, et viennent lui baiser la main, hommage qu'il repousse d'un geste consistant à lever la main à la hauteur des lèvres de l'Arabe et à l'abaisser vivement, avant d'avoir reçu le baiser. C'est d'un très bel effet; on y voit comme une sorte d'hommage féodal.

En quittant le kaïd je me rendis chez M. Sérémoni, capitaine de spahis, installé dans une petite maison du quartier français. Le capitaine Sérémoni, un des plus anciens officiers de l'armée d'Afrique, habite Biskra depuis dix ans, je crois. La maison qu'il occupe a un joli jardin où le capitaine nourrit des gazelles. Ces gracieux petits animaux connaissent leur maître et paissent en pleine liberté dans un espace clos de murs.

Il m'a été rarement donné de rencontrer un plus charmant compagnon que M. Sérémoni : malgré une fièvre assez maligne contractée en Afrique, il est toujours d'une humeur charmante; c'est le boute-en-train, le chef de popote du cercle militaire de Biskra, et si mon cœur n'oubliera jamais la façon courtoise dont j'ai été accueilli par tous les officiers français en Afrique, mon estomac garde une reconnaissance spéciale au capitaine Sérémoni, pour un déjeuner qu'il nous a donné à Biskra.

Pour comprendre le souvenir que j'en ai gardé, il faut avoir mangé de la cuisine des gargotes algériennes, et il faut savoir que le poisson est un animal quasi inconnu au Sahara.

Or, le capitaine nous fit apprêter par son chef, un

maquereau conservé avec tant d'art, que je crus un instant que l'Oued Kantra, (rivière qui soi-disant coule à Biskra, mais qui est à sec des années entières) avait la spécialité des poissons de mer. Si on ajoute à ce maquereau des œufs brouillés aux truffes, un délicieux poulet marengo et du couscoussou comme je n'en ai jamais mangé depuis, on s'expliquera facilement combien ce déjeuner me fut agréable, condamné que j'étais à vivre depuis un mois de bœuf coriace, et de mouton nerveux.

Biskra est occupé par un escadron de chasseurs d'Afrique, un escadron de spahis et un bataillon de ligne. Les officiers des trois corps se réunissent au cercle (club) des officiers, qui est la grande ressource de Biskra. C'est là seulement qu'on trouve des journaux (*Figaro, Revue des Deux-Mondes,* etc...), et c'est là seulement qu'on se rencontre sur un terrain neutre. Comme dans toutes les stations extrêmes (en France aussi bien qu'en Russie), les officiers des diverses armes ne s'entendent pas toujours entre eux. Il y a des moments où le dissentiment règne entre les chasseurs et les spahis, mais l'étranger peut être sûr que les uns et les autres oublieront tout pour rivaliser d'empressement à lui faire les honneurs de chez eux. Je ne saurais trop répéter combien j'ai été frappé de la courtoisie qui préside à toute réunion d'officiers français. Les cafés et les cercles militaires d'Algérie sont des salons. A Constantine, je me trouvais à la table des officiers supérieurs, à Biskra, je vivais avec les capitaines et les lieutenants, mais là comme ici, l'urbanité la plus exquise est de rigueur, et la moindre infraction au règlement de politesse est sévèrement réprimandée par les présidents de table.

La ville de Biskra, bâtie, comme je l'ai dit plus haut, à l'entrée de la première oasis du Sahara proprement dit, est composée de quatre quartiers qui diffèrent absolument les uns des autres ; ce sont : le quartier français, la ville arabe, le village nègre et l'enceinte réservée aux Ouled-Naïls. La rue française longe le jardin public et aboutit à une vaste place qui se confond à l'est avec le désert. Des huttes en terre glaise la bordent au midi ; c'est le village nègre. Ici on est en pleine Afrique centrale. De petites maisons jaunâtres, à portes basses, forment des ruelles. Sur les seuils, des négresses accroupies tournent une meule portative à couscoussou, travail abrutissant, occupation à laquelle elles passent des journées entières. Les maisons, très petites, se touchent presque ; à chaque seuil il y a une négresse qui tourne une meule. Tout en travaillant, elles se parlent ou chantent un refrain monotone, triste. Des négrillons nus, au ventre pendant, au visage sale et lépreux se vautrent dans le sable au milieu de la rue.

Une de ces rues débouche sur une place. Près du puits, principal ornement de la place, un groupe formé autour d'un énorme nègre, le regarde danser la bamboula au son du tambourin. A notre aspect toute la population se précipite vers nous pour nous demander l'aumône. Ce sont des cris, des rires, des gambades à se croire sur les rives du lac Tangahaïka. Derrière la place se trouve une piscine destinée à récolter l'eau de la pluie qui, disséminée dans des canaux, sert à les alimenter quand l'Oued Kantra est à sec. Malgré le proverbe intimant aux palmiers d'avoir « les pieds dans l'eau et la tête au feu, » les pluies sont rares à Biskra et les pieds des palmiers très peu mouillés. Cependant le système d'irrigation établi par Sabah et perfectionné par les Français est si bien compris, que la moindre goutte de pluie ou la plus petite crue suffit pour maintenir les innombrables canaux de Biskra en état d'humidité (1). Toutefois une pluie assez abondante tombée récemment a rempli la piscine. Des négrillons qui nous avaient suivis nous montrent l'eau en grimaçant et en proférant des cris inarticulés. Sidi Mohammed ben Hadji et le capitaine Sérémoni nous expliquent leur intention de se jeter à l'eau pour y chercher des sous. Ces enfants sont tout à fait nus. Pour nous montrer leur

(1) J'emploie à dessein le mot humidité. Ce n'est que cela.

adresse et se faire comprendre, ils s'élancent en bande dans la piscine. Nous leur jetons des sous : alors c'est une bousculade générale qui dégénère en bataille navale.

En sortant de ce hameau sauvage, on est stupéfait de fouler une chaussée, longue d'un kilomètre, qui côtoie un massif de palmiers entouré d'une haie et aboutit à une porte construite en maçonnerie, donnant accès à un jardin entretenu comme les plus jolies villas des environs de Paris. Une grande et belle maison, presque un hôtel, domine une avenue d'arbres exotiques. Les sentiers sont sablés, les plates-bandes bien dessinées, les gazons coupés ras. Jardin, maison, palmiers et chaussée appartiennent à M. Landon, l'héritier de l'heureux propriétaire du vinaigre de Bully. C'est un petit paradis. Des bosquets de bambous, de guardénias, d'arbousiers savamment mélangés, dissimulent des fontaines jaillissantes; ici une volière pleine d'oiseaux, là une cage où dort un ravissant ouistiti; plus loin une hyène enchaînée fait entendre son cri sinistre. Le confort, le luxe, rehaussés par une végétation exubérante.

La villa Landon est, je crois, l'unique établissement de ce genre dans tout le Sahara.

Après avoir traversé toute la propriété Landon, large de plus d'un kilomètre, on se trouve dans une forêt de palmiers dont les derniers arbres touchent le côté sud de Biskra, habité par les Ouled-Naïls.

A mesure qu'on s'enfonce dans le Sahara, les oasis deviennent plus rares. A un moment donné, le désert, immense, infranchissable s'étend à perte de vue. Là il n'y a plus ni hommes, ni animaux : les oiseaux sont rares, quelques poissons de sable (1), des serpents et des insectes y trouvent seuls leur nourriture. A cent lieues de Biskra, le sable couvre la terre jusqu'aux contrées inconnues de l'Afrique centrale.

Sur la limite extrême des pays habitables, vit une tribu arabe, mi-sédentaire, mi-nomade, qu'on appelle les Ouled-Naïls. Le Créateur, par un de ses caprices insondables, a doté les femmes des Ouled-Naïls d'une beauté physique extraordinaire, rendue plus éclatante encore par la laideur des négresses et des nomades qui habitent la même région. En se comparant à leurs voisines, les Ouled-Naïls ont reconnu leur supériorité : cette comparaison leur a suggéré l'étrange pensée de trafiquer de leurs charmes pour se procurer le bien-être et le faire partager aux hommes de leur tribu. Ignorants de nos idées d'honneur, les hommes approuvèrent l'idée, mise aussitôt à exécution. La beauté et les

(1) Sorte de lézard.

talents des Ouled-Naïls eurent bientôt un grand retentissement; leur renommée s'étendit peu à peu, et aujourd'hui elles sont célèbres dans tout le désert. Accompagnées de leurs plus proches parents jusque sur les marches de la civilisation, elles forment le principal contingent de la prostitution de nos provinces sahariennes depuis Biskra jusqu'à Laghouat, et commencent à se risquer dans le Tell.

Après avoir, pendant quelques années, vendu leurs caresses au plus offrant, elles retournent au désert : l'argent amassé leur sert de dot : elles deviennent épouses et mères, et vivent, dit-on, dans une réclusion complète. La tribu des Ouled-Naïls, tout en étant mahométane de nom, ne pratique aucune religion connue. Les harems y sont toutefois en usage. On m'a assuré que la conduite de ces étranges prostituées devient irréprochable du jour où elles rentrent dans leur tribu, qu'elles avaient quittée pour la plupart à l'âge de treize à quatorze ans. Ces filles publiques expertes en vice, vivant dans la débauche jusqu'à l'âge de vingt ans et commençant à ce moment une existence de devoir et d'abnégation, sembleraient une anomalie dans la nature, si on ne réfléchissait pas pour combien la convention entre dans la délimitation du bien et du mal. La période d'avilissement qu'elles ont traversée ne leur est reprochée par personne ; elles sentent, au contraire, qu'elles inspirent de la reconnaissance pour le bien-être qu'elles apportent dans les cabanes de leurs parents et époux : on les aime — des sens, unique amour compris d'un Oriental — pour leur expérience ; et le léger vernis de civilisation qu'elles reçoivent involontairement au contact des races du Nord inspire le respect aux barbares qui les entourent. Elles tirent vanité de ce qui nous paraît méprisable : c'est avec orgueil qu'elles montrent les séquins pendus à leur cou, en double, triple, quadruple et parfois quintuple collier. Ces séquins, souvent de simples louis d'or ou des livres sterling, représentent leur dot, conquise au prix de bien des dégoûts et des fatigues. Les Arabes ne brillent pas par la générosité ; les officiers français sont peu riches. Il est rare qu'une prostituée reçoive une pièce d'or à la fois ; elle amasse des monnaies d'argent, parfois des sous de cuivre, jusqu'au moment où elle peut les échanger contre un louis, qui va rejoindre les autres, pour former cette chaîne *de Bacchis de Samos*, qu'une Ouled-Naïl étale avec complaisance aux yeux de tout venant.

Rien ne peut donner une idée de la joie de l'Ouled-Naïl à qui j'ai donné deux louis, si ce n'est son étonnement de n'avoir rien à accorder en échange. Elle dit en mauvais français :

— Merci... — grand merci... Si je trouvais beaucoup comme vous... je reviendrais vite chez moi... Allons ! Venez ! Je demeure à côté...

Elle se pendit à mon bras. Je la repoussai légèrement.

— Non, mon enfant, je n'irai pas chez toi !

— Vous voulez que je vienne à l'hôtel ?

— Diable... non pas... encore moins !

— Mais alors !... ces louis ?

— Je suis enchanté de vous les offrir en souvenir d'un étranger de l'extrême Nord.

Elle me regarda, éclata de rire... et eut un geste très drôle, difficile à expliquer, mais que je compris et qui me mortifia quelque peu. Elle avait pris le mot « extrême Nord » qu'elle n'avait jamais entendu prononcer, pour un autre, par lequel je confessais une infirmité, rarement naturelle, souvent artificielle, très commune en Orient. Elle avança la lèvre, fit une moue dédaigneuse et s'enfuit en murmurant :

— N'importe... merci... Sidi !

Une Ouled-Naïl honnête ne doit jamais refuser la moindre aubaine, afin de prouver la bonne volonté de retourner vite chez elle, et de se conserver pour son futur mari le moins fanée possible. A cet effet il convient qu'elle se tienne toujours au seuil de sa demeure, attentive aux passants de toute race et de toute religion.

— Le sou du nomade crasseux servira d'appoint à la monnaie déjà gagnée, tout autant que la guinée du voyageur anglais.

C'est une Ouled-Naïl nommée Eltchia, qui m'a dit ces paroles, en ajoutant qu'elle avait hâte de retourner dans sa tribu.

— Je bois de l'absinthe pour m'étourdir, et cependant je suis ici depuis un an à peine. Je ne comprends pas mes camarades qui vivent de cette vie plusieurs années. Heureusement, dit-elle en montrant avec orgueil un collier long et lourd, ma dot va être bientôt amassée.

Cette Eltchia était une ravissante créature, âgée de dix-sept ans à peine, rose et blanche comme une fille du Nord. Ses grands yeux noirs étaient pleins de feu : sa bouche aux dents de perle, humide, souriait toujours; petite, svelte, flexible comme un serpent, elle avait des gestes d'une grave souveraine. Ses pieds nus laissaient voir des pouces écartés, si chers aux artistes, et ses mains, étonnamment petites, scintillaient de bagues (présents d'un jeune seigneur arabe très amoureux d'elle, selon la légende du lieu). Cette jolie petite sauvage était d'une intelligence remarquable : arrivée depuis un an à peine à Biskra, elle parlait mieux le français que n'importe laquelle de ses compatriotes.

J'espère qu'à l'heure où j'écris, Eltchia est retournée chez elle, et que nul œil humain, à l'exception de celui de son mari, ne contemple plus ses charmes.

Toutes les femmes Ouled-Naïls ne ressemblent pas à Eltchia. Le vice exerce sur certaines natures une grande attraction. Quelques-unes de ces malheureuses se prennent d'amour pour le métier qu'elles exercent, et ne retournent jamais au désert.

Dans la rue de Biskra réservée à la prostitution, des petites lumières, allumées à chaque porte, tranchent de loin sur l'obscurité des autres quartiers. Ces lumières pâles, tremblotantes, fumeuses, ressemblent aux lampions d'un théâtre forain. Auprès de chaque feu, une femme est accroupie au seuil d'une maison sans fenêtres, dont, à travers la porte ouverte, on voit l'intérieur. J'avais déjà constaté, en pénétrant dans une habitation du village nègre, l'absence complète du plus simple confort. Un tapis, parfois une peau ou une natte servent de couche à la famille entière. Quelques clous plantés dans la muraille nue, supportent les ustensiles de première nécessité. Ici, un banc recouvert d'un tapis sordide remplace le lit; en revanche aucun autre ustensile ne témoigne qu'un être humain vit là. Les Ouled-Naïls semblent éternellement de passage. Mystérieuses même dans leur façon de se nourrir, on les croirait campées dans leurs niches.

Quelques-unes, — Eltchia, par exemple, — habitent une maison à étage; on grimpe un escalier très raide et on se trouve dans une pièce carrelée, avec un lit à rideaux, un coffre servant de table, et des coussins jetés à terre. Mais c'est la grande exception.

Les Ouled-Naïls portent un costume coquet : une jupe en velours sombre, passementée d'or, recouverte d'un tablier en velours également brodé d'or, descend jusqu'aux chevilles. Les pieds sont, chez quelques-unes, nus, chez d'autres, chaussés de bas de coton et de mules en velours noir, longues et difformes. La tête, coiffée d'une toque rouge incrustée de pièces d'or, est enveloppée d'un voile blanc, pareil à celui de nos religieuses. Une chemise en gaze bouffante monte chastement jusqu'au cou et laisse les bras à découvert. Des colliers en or ou en corail, adaptés à la toque, encadrent le visage. Le cou est entouré de la chaîne de louis d'or représentant la dot, qui, chez les plus avancées, descend jusqu'aux genoux. A côté de cette chaîne, des bijoux en argent oxydé, des amulettes et des sachets de prières se balancent sur la poitrine, pendus à des chaînettes d'or ou d'argent : les bras et les jambes sont chargés de lourds bracelets d'argent de forme étrange.

La figure et les épaules des Ouled-Naïls, enduites de fard, sont émaillées de signes cabalistiques, de gazelles, de serpents peints en sépia. Sans les embellir, ces ornements ne sont pas repoussants. Les yeux, démesurément agrandis, fendus en amande, et les lèvres d'un rouge vif, relèvent la beauté indiscutable de ces pauvres créatures. Pour rendre plus épaisse leur chevelure, les Ouled-Naïls emploient des tresses de laine nattées, mal soignées et peu élégantes, dissimulées toutefois sous leurs voiles. Ces tresses leur servent à suspendre d'énormes boucles d'oreilles, trop lourdes pour l'oreille.

Une femme d'Orient est complète à condition de savoir danser : Les Ouled-Naïls, nous dit-on, sont expertes en cette matière. Pour s'en rendre compte il faut organiser une fête nommée N'bitta. On loue un emplacement destiné à servir aux ébats et on invite beaucoup de spectateurs. Ce n'est qu'après avoir été excitées par les regards, les applaudissements et la musique, que les Ouled-Naïls consentent à faire usage de tous leurs talents.

Nous entrons chez un Arabe préposé à ces sortes de fêtes et après en avoir commandé une pour le lendemain, nous nous décidons à terminer la soirée par une promenade à pied dans le désert. Le quartier des Ouled-Naïls aboutit à une petite clairière où deux ou trois mares croupissent aux pieds de la première ligne de palmiers. L'obscurité succède subitement à la clarté. A cent pas de la hutte de la dernière prostituée, on se trouve en plein bois.

Nous nous lançons à travers la forêt, pour rejoindre la route de Touggourt ; la promenade de nuit aux environs de Biskra présente un certain danger au moment du passage des nomades : mais nous sommes en nombre et des officiers bien armés nous accompagnent. Les hyènes et les chacals, qui foisonnent dans l'oasis, fuient l'homme ; les lions et les panthères ne s'approchent guère des habitations. D'ailleurs ces fauves deviennent de plus en plus rares. Les oasis, peuplées d'oiseaux, de serpents et d'insectes n'ont presque plus de mammifères.

(J'ouvre encore une fois une parenthèse pour critiquer l'expression : « le lion du désert ». Jamais un animal carnassier ne se hasarde dans un pays où il ne trouvera pas sa subsistance. Les lièvres, les gazelles, etc., etc., s'éloignent peu de la région de l'Atlas : le lion habite les mêmes parages. Le cœur du Sahara, le Falat, est absolument désert : aucun animal ne saurait vivre là où il n'y a aucun vestige de végétation. Les hyènes et les chacals eux-mêmes, qui s'enfoncent assez loin à la recherche des cadavres d'hommes et de chameaux, ne dépassent jamais une certaine limite.)

Après avoir cheminé quelque temps au milieu de la forêt, nous débouchons sur une chaussée, large et bien tracée, qui s'appelle la route de Touggourt, mais qui s'arrête brusquement à trois kilomètres de Biskra, à un endroit appelé, « *le Pont Romain* ». Les quelques pierres juxtaposées au-dessus du

Sur la route de Touggourt. — Page 258.

ravin ne sauraient s'appeler pont que dans un pays où on traverse les précipices en *passant dedans*. Après cela, il est possible que ce soit une construction romaine, car depuis l'occupation romaine jusqu'à nos jours, personne n'a jamais songé à faciliter les communications dans la région saharienne.

La lune est dans son plein. Après avoir traversé un bosquet de palmiers, la route s'enfonce tout à coup dans le désert. Ce n'est pas encore le Sahara véritable. Le sable brun est couvert de touffes de ronces. La rose de Jericho et le cure-dents du prophète scintillent à la clarté de la lune.

Personne n'ignore que Mahomet prenait grand soin de sa personne. « Il aimait les fleurs, les femmes, les parfums ». Un jour, au désert, après avoir mangé, il sentit entre les dents une parcelle de mouton! Pas d'eau aux environs, aucun moyen de se débarrasser de ce corps étranger, à l'odeur désagréable. Le prophète allait avoir un moment de contrariété, quand il vit une huppe se percher sur son épaule, avec une touffe d'herbe sèche dans le bec. Mahomet sourit, se cura les dents et glorifia Allah.

Le cure-dent du prophète appartient à la famille du chiendent; c'est une sorte de jonc terminé par une touffe d'épines flexibles, assez dures, mais peu pointues.

La rose de Jéricho a la propriété de s'ouvrir au contact de l'eau. Il suffit d'en cueillir une petite branche sèche : elle s'ouvre et se referme à volonté. On peut renouveler l'expérience sur la même branche autant de fois qu'on le désire.

Nous revenions vers Biskra, plongés dans l'extase de cette nuit tiède et claire, quand le bruit de nombreux pas se dirigeant à notre rencontre nous fit tressaillir. Quelques minutes après, nous vîmes sortir du bouquet de palmiers un groupe blanc d'Arabes s'avançant vers nous. A cette heure et dans cette saison, une rencontre pareille pouvait être désagréable, d'autant plus que l'on distinguait à une centaine de mètres, un grand campement de nomades, dont les tentes rayées de blanc et de noir, s'étendaient au loin. MM. S... et de la R... tout en nous rassurant, avaient la main à la poignée de leurs sabres, quand tout à coup ils s'entendirent appeler.

— Eh ! dit le capitaine Sérémoni, c'est Si Boulakrass.

C'était, en effet, Si Boulakrass Ben Ganah, frère du kaïd de Biskra. Si Boulakrass, en sa qualité de kaïd des nomades, revenait d'une inspection, entouré des principaux chefs de la tribu en ce moment de passage. Nous fusionnâmes aussitôt... Si Boulakrass parle très bien le français. Membre du cercle militaire, c'est un des Arabes les plus civilisés de l'Algérie. Nous restons quelques moments sur la route de Touggourt, entourés de nomades, en face de leur campement, écoutant les explications que Si Boulakrass voulut bien nous donner sur ses administrés.

Chaque année, des tribus entières quittent au printemps les oasis du Sahara. Ils amènent leurs chameaux chargés de dattes, et portent tout leur avoir avec eux. Dans le Tell, ils vendent leurs dattes, et se louent, les uns en qualité de pasteurs, les autres en qualité de laboureurs, à leurs concitoyens sédentaires, parfois aux colons français. A l'automne, les nomades retournent chez eux : les uns campent pendant l'hiver, d'autres vivent dans des oasis cultivées par leurs voisins sédentaires. Nous assistons au retour des nomades. Ce sont les derniers retardataires.

— Si vous les voyez ! dit Si Boulakrass avec ce geste plein d'ampleur des Arabes, rendu plus majestueux encore par la clarté de la lune. Ils sont tristes. Dans le Tell, la saison a été mauvaise ; les dattes vendues et mangées, ils ont vécu tant bien que mal. Les chameaux, lourdement chargés au départ, reviennent ordinairement à vide : aujourd'hui, de nombreux chameaux ont sur le dos des boîtes oblongues : ce sont les cercueils de leurs maîtres, que les familles rapportent dans le désert.

Il ajouta en frappant amicalement de sa cravache l'épaule d'un des nomades de sa suite ;

— On les craint ! on les méprise ! on les insulte ! Ils ne sont pas mauvais cependant! Moi qui les connais, j'en sais quelque chose ! s'ils tuent parfois un Juif, c'est la faim qui les y pousse !

Je vis le lendemain, au marché, beaucoup de ces nomades. Leurs figures, n'en déplaise à Si Boulakrass, ne préviennent pas en leur faveur. Hâves, noirs, couverts de haillons, un feu sinistre brille dans leurs yeux, et leurs regards n'ont rien d'angélique : ils ont un aspect maladif et menaçant à la fois. Après tout, ils ont faim peut-être. Le colonel Noella m'a assuré que la saison du Tell a été en effet mauvaise. Pauvres gens!

Cependant, philanthropie à part, quand on se trouve dans un pays traversé pendant un mois par 100,000 individus affamés, qui, une fois sortis des possessions françaises, s'éparpillent dans des contrées inconnues, on n'est pas très rassuré. La plupart de ces nomades n'ont ni état civil, ni nom qui les distingue ; ils ne dépendent de Si Boulakrass que pendant leur passage à travers le Sahara français. Il est impossible de les retrouver quand ils ont dépassé Touggourt. Quelques tribus domiciliées dans le Ziban, vivent pendant l'hiver sous la surveillance de Si Boulakrass, mais ces tribus ne sont pas en majorité.

Le marché de Biskra, vaste place recouverte d'un toit en bois, est encombrée par les Arabes sédentaires de l'oasis qui vendent et achètent des denrées alimentaires : froment, mil, blé et surtout dattes. Le Ziban, c'est le pays des dattes, Biskra en est la capitale. C'est en effet à Biskra où j'ai mangé les meilleures dattes. Il y en a, paraît-il, 2 ou 3,000 espèces différentes. Je fais dans ce calcul la part de l'exagération arabe.

Dans tous les cas, les dattes de Biskra sont infiniment supérieures à celles d'Égypte et d'Arabie. Leur saveur est délicieuse, et elles fondent dans la bouche comme les bonbons de Siraudin.

Après avoir jeté un coup d'œil aux mosquées qui ne présentent que peu d'intérêt, nous allâmes visiter le vieux Biskra, situé à 2 kilomètres du nouveau, au centre de l'oasis. Il ne reste pas grand chose des remparts et du fort turc. Sur une élévation, quelques décombres séchés par le soleil, pareils aux ruines d'un hameau détruit par un incendie : au pied de ces décombres, un village arabe ; à quelques mètres le jardin du cercle des officiers. Je regrette que le cercle des officiers ne s'occupe pas de son jardin ; avec une petite dépense et beaucoup de travail on aurait pu faire de ce terrain couvert de palmiers et de toutes sortes d'arbustes tropicaux, un séjour délicieux et productif à la fois. Malheureusement le jardin abandonné est dans un état de délabrement extrême : des crapauds habitent les mares formées par les dernières pluies, d'énormes lézards de 70 centimètres à un mètre de long, jaunes, hideux, mais parfaitement inoffensifs, s'y promènent avec tranquillité, et il faut, pour arriver à une sorte de hutte où dort le gardien, sauter des canaux qui se sont déversés faute d'entretien.

Le vieux Biskra et le jardin du cercle regorgent de scorpions; sous chaque pierre un peu humide, sommeille, plié en deux, un de ces reptiles. Ces scorpions, mesurant jusqu'à 25 centimètres de longueur, sont d'un gris verdâtre. Il est à constater que tous les animaux du Sahara ont une teinte indécise et fausse. La gazelle et le slough sont de la même couleur grisâtre que le lézard, le poisson de sable et le scorpion.

Nous nous étions munis de bouteilles pour les remplir de scorpions, afin de nous livrer à un amusement cruel, mais qui avait pour nous la valeur d'une expérience. Malgré tout ce qu'en ont dit les naturalistes, les Arabes et les colons prétendent que le scorpion, enfermé dans un cercle de charbons ardents, se pique lui-même quand il reconnaît l'impossibilité de franchir ce cercle. Désirant, *de visu*, savoir ce qui en était, nous fîmes l'expérience sur un des plus gros scorpions. L'animal commença par aller de l'avant, se brûlant les antennes, puis il retourna en arrière, et essaya de passer de l'autre côté. Peu à peu il ralentit d'allure, tout en persévérant dans sa tentative de franchir le feu : enfin, revenu au centre du cercle, il se roula dans des convulsions de douleur ou de rage. Le corps flexible du scorpion se tordait dans tous les sens, et sa queue armée du dard venimeux, semblait en effet, piquer sa tête. Dès ce moment les convulsions diminuaient et après quelques légers soubresauts, le scorpion mourait, étendu tout de son long. Cette contraction suprême, où la queue du scorpion touche la tête, est-elle le spasme d'agonie, ou le mouvement du suicide ? Voici ce que je ne saurais définir. Peu crédule de ma nature, je crois aussi peu à la légende qu'à la science. Il me faut, comme à saint Thomas, voir, pour être persuadé. Ici, il est impossible de voir. Les mouvements sont spasmodiques : la rage, la peur et la douleur sont invisibles dans les convulsions de cette créature d'un ordre inférieur. Comme la queue, qui s'approche de la tête de l'animal et semble la piquer, est loin d'être inoffensive, il s'agirait, pour élucider cette question, d'entrer pour quelque temps dans le corps d'un scorpion ; métamorphose que je ne souhaite à personne, pas même au plus voleur des parias de Calcutta ou de Benarès. Le capitaine Sérémoni, pour me montrer à quel point le scorpion est dangereux, prit un de ceux qui gigotaient encore, le cassa en deux avec une adresse admirable, et après avoir dépouillé la queue de ses écailles, me fit voir un dard gros et fort, dégouttant de venin. Puis il me dit d'agacer avec ma canne un scorpion valide. Je sentis des secousses à la main, chaque fois que le reptile, irrité, frappait la canne de son dard.

Au retour du vieux Biskra, nous rencontrons une voiture, presque européenne, ma foi, pleine de femmes Ouled-Naïls qui se rendaient en société au Hammam, petite localité balnéaire, à quelques kilomètres de Biskra. La première voiture était suivie d'une autre, bondée de jeunes Arabes.

La civilisation fait des siennes. C'est une partie fine.

En attendant le soir et la n'bitta, nous allons aux boutiques, avec l'espérance d'acheter quelques produits curieux du pays.

Aux bazars indigènes, on ne trouve rien que des denrées alimentaires ; il faut se rabattre sur les marchands français. Chez un épicier, nous faisons l'acquisition de quatre éventails, deux en paille, deux en plumes d'autruche, et d'un lézard empaillé. C'est tout ce que produit l'industrie de Biskra.

Après dîner, nous retournons au quartier des Ouled-Naïls. J'avais invité les officiers, le docteur, l'intendant, un major anglais en mission, tout Biskra enfin. Une petite cabane, sorte de boyau étroit, à deux issues, servant ordinairement de café, était déjà prête pour nous recevoir. Les préparatifs d'ailleurs n'avaient pas nécessité beaucoup de frais. Les meubles de l'établissement consistent en bancs de bois et en petits guéridons également en bois, posés sur la terre nue. En notre honneur les bancs avaient été rangés le long des murs, et deux estrades, se faisant face, avaient été posées au milieu. Murs, terre et bancs étaient couverts de tapis; quelques haillons pendaient aux portes. Dans un coin de la hutte une grande marmite contenait du café; cinq flacons d'absinthe et six bouteilles de champagne étaient rangés sur un guéridon. Des bougies fixées dans des chandeliers en terre, et quelques lampions fumeux éclairaient la salle d'une lumière vacillante.

On nous désigna une des estrades, en nous disant que l'autre était destinée aux Ouled-Naïls. Les alentours du café regorgeaient déjà d'Arabes, et il nous avait fallu percer une foule compacte pour entrer. Mes invités étaient assis sur l'estrade; sur les bancs, des Arabes s'étaient entassés; d'autres regardaient à travers la porte.

A peine étions-nous placés que les danseuses firent leur apparition. Quinze Ouled-Naïls à peu près, dans leur costume d'apparat, mais beaucoup moins jolies qu'Eltchia, vinrent s'incliner devant nous et s'accroupir sur deux rangs par terre au pied de l'estrade d'en face. Deux femmes, Timah la Juive et Fatma la Kabile, très bonnes danseuses, dont les Ouled-Naïls avaient réclamé le concours, vinrent ensuite, suivies de trois Arabes, porteurs de guitares et représentant la musique. Un silence général succéda à l'entrée de tout ce monde. Sur un signe de l'organisateur de la fête, on versa le café aux invités, de l'absinthe aux femmes et aux musiciens. Les musiciens se mirent à jouer un air monotone, strident, en s'accompagnant de la voix. Ce concert dura une heure. Les Ouled-Naïls ne bougeaient pas. Nous bâillons à outrance, pendant que les tasses de café et les verres d'absinthe se succédaient sans interruption. Enfin, impatienté de cette fête lugubre, j'appelle le patron de l'établissement en lui demandant quand la n'bitta allait commencer.

L'Arabe me regarda étonné.

— Mais nous l'avons... la n'bitta...

— Je croyais qu'on danserait.

— Il faut que la musique excite les danseuses.

— Ah ! cette musique les excite... Bon !... mais quand viendra l'excitation ?

— Quand il vous plaira.

— Vraiment ! tout de suite alors !

— Comme cela, vous avez assez entendu la musique ?

— Je crois bien.

— Dans un petit quart d'heure. Je vais leur dire

que vous voulez qu'elles s'excitent promptement.

Il alla murmurer quelque chose à l'oreille des principales Ouled-Naïls qui se mirent à hocher la tête d'un air mécontent.

Les verres d'absinthe devinrent plus fréquents, et après une autre demi-heure de musique, une des danseuses — la moins jolie — se leva et commença à tournoyer sur elle-même. Cette danse froide, peu attrayante, dura un quart d'heure. Nous bâillons de plus belle et je fais un nouveau signe de la main au patron.

— Attendez ! me dit-il, les autres vont saisir le moment propice, et... vous verrez !

Je n'ai rien vu. Les Ouled-Naïls exécutèrent une danse lugubre, tantôt une à une, tantôt par paire, au son de la même musique discordante. En vérité les musiciens arabes sont infatigables ; pendant plus de trois heures, les mêmes trois guitaristes n'ont discontinué de pincer leur instrument que pour s'humecter la gorge avec de l'absinthe. Les danseuses sont guindées, licencieuses dans le balancement des hanches, bêtement chastes dans tous les autres mouvements. Après avoir trépigné sur la même place, chaque Ouled-Naïl tournoie sur elle même en rond en s'approchant de moi pour recevoir son salaire, une pièce de cinq francs en or. Ceci se fait régulièrement, systématiquement. Après les Ouled-Naïls, Fatma la Kabyle — une grosse brune réjouie, vêtue d'une chemise bleue, mais nu-jambes et nu-pieds — exécuta une danse de caractère avec une certaine vivacité de gestes.

Cependant les verres d'absinthe se succédaient rapidement : les yeux des Ouled-Naïls brillaient sous leur triple couche d'antimoine, leurs pieds battaient la terre d'un mouvement régulier. C'était l'excitation qui venait à la fin. Deux de ces femmes se levèrent soudain, leurs gestes devinrent lascifs, leurs yeux se remplirent de larmes de convention, elles tirèrent un mouchoir de couleur et se mirent à l'agiter au-dessus de leur tête, en faisant ployer le corps avec une certaine grâce. Tout à coup un être hideux, grimaçant, à moitié nu, se précipita dans le cercle : c'était un Aïssaoua : sa chevelure était inculte, sa barbe hérissée, ses lèvres écumantes. Les danseuses poussèrent un cri sauvage. L'Aïssaoua se tordit en spirale, et... commença une danse des plus obscènes. Les Arabes des banquettes se levèrent vivement ; un murmure approbateur parcourut leurs rangs : les Ouled-Naïls se levèrent aussi.

Cette pantomime achevée, la fête était finie ; notre présence glaçait les Arabes et les Ouled-Naïls qui attendaient notre départ pour terminer la n'bitta par une orgie. J'appelai le patron pour lui demander l'addition. Emplacement, éclairage, tapis, musique, danseuses, vin, café et absinthe ; coût

140 francs. J'avais donné 60 francs environ aux danseuses. Pour deux cents francs j'avais offert une fête à plus de cinq cents personnes, car à la fin de la n'bitta, les Arabes avaient envahi la salle.

Sur le seuil du café, l'Aïssaoua s'approcha pour réclamer son pourboire. Je lui jetai une pièce de dix francs, mais je ne pus éviter un baiser qu'il m'imprima sur la main en recevant l'offrande. La bouche gluante de cet homme me donna un frisson de dégoût ; le charmeur de serpents était visqueux comme un reptile.

A la porte de l'hôtel, nous prîmes rendez-vous pour le lendemain avec tous nos amis chez Si Mohammed ben-Hadji, qui nous avait invités à déjeuner à Sidi Okba, en plein Sahara.

X

Sidi Okba. — L'aspect du Sahara. — Le déjeuner du cheick. — La légende de Sidi Okba. — La mosquée. — Les inscriptions. — Retour.

A six heures du matin, les deux chevaux de M. Medan, attelés à sa voiture, nous attendaient sous la voûte : à six heures et demie nous étions dans le Sahara.

Le réveil de la nature à l'entrée du Sahara est plein d'une poésie tranquille et majestueuse. Ce n'est pas, comme dans les forêts du Tell, une vie exubérante qui s'ouvre ou renaît à chacun de vos pas. L'odorat n'est pas affecté par l'odeur pénétrante des phalènes en mouvement ; l'oreille n'entend pas le roucoulement amoureux de la tourterelle sous les feuilles des grands arbres, et le bourdonnement joyeux des insectes se poursuivant dans l'herbe ; vous ne voyez par la fleur s'épanouir et trembler sous la rosée, lentement absorbée par la guêpe ou le bourdon. Ici, c'est la terre elle-même, notre mère la terre, qui semble s'éveiller. Un air vif, si pur qu'il en est froid, vous enveloppe de tous côtés ; ce n'est pas du vent, c'est de l'air, que paraît sortir des entrailles de la terre, avec le léger brouillard de vapeur qui flotte sur le sable noir attendant pour se dissiper le premier rayon de soleil. La vie animale, imparfaite, n'a aucune gaîté ; les serpents rentrent dans leurs trous en se glissant en sourdine, les lézards dénoncent leur présence par une légère oscillation du sable, et l'absence d'insectes dans l'air le rend plus âpre, plus transparent. La génération, les ébats de l'amour des infiniments petits, bannis au loin, semblent laisser le champ libre aux infiniments grands. Vous croyez assister au mystère de la création de notre planète elle-même, qui se vivifie à son propre contact ; vos yeux saisissent dans l'ondulation presque imperceptible des mamelons de sable, comme un mouvement félin, frisson de plaisir éprouvé par la terre, heureuse d'être caressée par l'atmosphère. Les derniers et les plus humbles représentants de la végétation, — rose de Jéricho et cure-dent du prophète — inclinent lentement leur panache. On dirait qu'exilés, ils pensent et regrettent une patrie absente. Groupés mélancoliquement sur des tertres isolés, jaunes, desséchés, sans feuilles, ils témoignent par leur dépérissement de la puissance du désert. Ils semblent être là pour avertir le passant, homme ou bête, de ne pas aller plus loin...

La voiture roule dans un sillon qu'elle a creusé à son dernier voyage. Un mois s'est écoulé depuis, mais le vent du désert vient dans cette saison mourir au pied de l'Atlas, et le sable profond, n'étant remué par rien, garde longtemps une empreinte. Pendant trois heures, nous roulons ainsi; le paysage ne change pas; puis, peu à peu, dans le fond, une raie noire se détache à l'horizon, s'accentue, sans toutefois émerger. C'est une des particularités du désert. La terre est tellement plane que l'œil ne saisit aucune ombre au loin. Cette raie noire que nous voyons, c'est l'oasis de Sidi Okba formée de 50,000 palmiers : elle semble une tache noire plaquée sur le désert.

Aux approches de Sidi Okba quelques ravins creusent le sable, et nous constatons avec étonnement que ces ravins ont des ponts.

Les plaisanteries des officiers qui nous accompagnent nous apprennent que parmi ces ponts, il y en a de construction soi-disant romaine. On donne le nom de romain à tout édifice bâti avant l'occupation, l'expérience ayant démontré la profonde incurie de l'administration turque ou indigène. Il faut avouer que ce sont les ponts romains qui présentent encore le plus de sécurité aux infortunés voyageurs obligés de les traverser. L'entretien des *routes* dans le Sahara est confié à l'initiative indigène, qui ne s'en préoccupe guère, n'en comprenant pas l'utilité. Après avoir essuyé nos lazzis, Si Mohammed bel Hadji, chef du pays que nous traversons, avoue franchement que les ponts sont sa dernière préoccupation. La *voiture* de Biskra va tout au plus dix fois par an à Sidi Okba : quant aux cavaliers arabes, ils n'ont nul besoin de ponts. Pour être étrange, l'excuse n'en est pas moins très plausible.

Nous avions, depuis un quart d'heure déjà, aperçu dans le lointain une tache rouge et blanche, immobile au milieu du désert. Nous nous demandions ce que ce pouvait être : un immense coquelicot, un arbre à fleurs écarlates ? C'était tout bonnement *le spahis,* représentant la France à Sidi Okba, venu à notre rencontre sur un cheval blanc. Cet uniforme rouge, seule couleur éclatante qu'on voie dans ces parages, produit un grand effet parmi les teintes effacées qui dominent au désert. On le distingue de tous les côtés et il tranche vivement sur tout ce qui l'entoure. Sachant cela, les spahis tiennent beaucoup à leur uniforme (1).

En nous apercevant, le spahis lança son cheval au galop et exécuta une fantasia en notre honneur. Ces cavaliers arabes sont d'une adresse stupéfiante.

(1) Tout récemment on a voulu modifier le costume des spahis, mais on a reculé devant la résistance des indigènes. La couleur rouge qu'ils ont seuls le droit d'arborer est la principale cause de leur dévouement à la France.

Franchissant mamelons, ravins et ponts, il fut bientôt à nos côtés et nous salua d'un coup de fusil tiré en l'air.

Le village de Sidi Okba ne se distingue en rien des autres villages sahariens que nous avons déjà vus. La voiture longe des enclos en terre glaise, traverse des mares croupissantes au milieu des rues et s'arrête devant l'habitation de Si Mohammed. Tout le village est en l'air : l'arrivée des étrangers et du cheick a toujours ici l'importance d'un événement. Les gamins nous poursuivent en demandant l'aumône, les chiens aboient, les chameaux crient, les femmes nous désignent du doigt, les hommes secouent la tête d'un air pensif. Sidi Okba est encore un des rares coins de l'Algérie où le fanatisme musulman n'est pas soumis au contrôle européen. Notre présence n'est pas encore un fait indéniable, avéré. Les vieillards se souviennent du temps où le sol sacré n'avait pas été souillé par le pied d'un infidèle et font regretter ce temps aux jeunes gens. La présence du cheick nous garantit de toute insulte, mais il ne fait pas bon à un touriste peu protégé de se risquer à Sidi Okba. Beaucoup d'Européens sont venus ici ; tous étaient recommandés et protégés spécialement.

La maison de Si Mohammed à Sidi Okba, est, en petit, ce qu'en grand est celle de son père à Biskra. Entourée de murs blanchis à la chaux, elle est vaste, mais peu meublée. Le principal luxe d'un seigneur arabe consiste en chevaux, en chiens et en écuries. Les écuries de Si Mohammed sont très belles; il entretient trente chevaux et ses sloughis sont renommés dans le Ziban. A quelques mètres de son habitation, Si Mahommed nourrit des gazelles dans un enclos de quelques kilomètres carrés. Il a voulu nous faire assister au simulacre d'une chasse à la gazelle. Un de ses serviteurs tenant deux sloughs en laisse, nous a fait pénétrer dans l'enclos, puis il a lâché les chiens. Cinq minutes après, nous vîmes vingt gazelles bondir devant nous, poursuivies par les chiens. Les bonds prodigieux des chasseurs et des chassés nous amusèrent pendant un quart d'heure. Prolongé davantage, ce jeu eût été dangereux : les gazelles étaient déjà fatiguées et les sloughs les poursuivaient de trop près. A un coup de sifflet de Si Mohammed, les chiens accoururent. Ce sont, en vérité, de magnifiques bêtes.

Si Mohammed nous donna un des meilleurs déjeuners que j'aie mangés en Algérie. C'était un déjeuner à l'arabe, arrosé de vin français (Château-Laroze 1860, et Rœderer carte blanche). Le couscoussou, cette nourriture sempiternelle des Arabes, formait le plat de résistance. Un poulet coupé menu et assaisonné avec du carri relevait le goût un peu fade du mets national et le rendait délicieux. Après le couscoussou, le lefta, morceaux de mouton coupés très menu, nageant dans une sauce fortement épicée; des pigeons farcis, un cuissot de sanglier et des dattes. Tout cela servi sur une nappe d'une blancheur éblouissante par des serviteurs propres et empressés. Je regrette de n'avoir pas essayé du fameux mouton entier, farci et rôti, qu'on mange avec les doigts et qui n'est bon qu'à la condition d'être dépecé, auquel cas, disent les officiers français, c'est un régal des dieux. Le cuisinier de Si Mohammed, seul capable d'apprêter ce mets, est malade, et ses aides ne sauraient le remplacer. C'est un plat de grande cérémonie qui nécessite une certaine science culinaire.

La chaleur déjà suffocante nous retint longtemps à table; nous nous levons vers deux heures pour visiter la ville, et surtout la mosquée, un des sanctuaires musulmans les plus vénérés... La ville n'a rien en soi qui intéresse : irrégulière, faite d'enclos en pisé, sale et sombre. Une rue étroite, avec des niches des deux côtés, est connue sous le nom de bazar. Deux ou trois de ces niches à peine sont occupées par des marchands de cotonnades de Manchester et de bonneterie de Paris. Dans les autres boutiques on débite des comestibles, principalement des dattes.

Le marchand se tient auprès de ses dattes étalées sur une claie d'osier, un chasse-mouche à la main. Il agite perpétuellement ce chasse-mouche, ce qui n'empêche nullement les dattes de disparaître littéralement sous des millions de mouches. Je n'ai nulle part vu une aussi grande agglomération de ces insectes. Les claies, les dattes et les chasse-mouches eux-mêmes en sont couverts.

Après avoir visité la mosquée de Sidi Okba, ouverte depuis peu aux chrétiens, je me suis rendu compte de la puérilité de cette envie qui tenait et qui tient encore les voyageurs, de visiter les sanctuaires musulmans fermés aux Européens. Je suis persuadé que le jour où l'on pourra voir la Mecque et Médine, ne satisfera que très imparfaitement la curiosité si ardente de tant d'Anglais touristes. Les mosquées se ressemblent toutes, et quand on a visité Sainte-Sophie, la mosquée d'Omar, celle de Mehemet-Ali et d'Hassan, il n'y a guère de temple musulman qui vaille la peine d'être vu au prix d'un danger ou d'une fatigue quelconque.

La mosquée de Sidi Okba, construite en maçonnerie, sur le ton gris foncé de tous les monuments du Sahara, est beaucoup moins vaste que la plus petite des mosquées d'Alger ou de Tunis. On traverse une cour, une galerie affectée aux ablutions; on côtoie une piscine — menagée pour servir à laver les cadavres — et on entre dans le sanctuaire où repose le saint Sidi Okba ben Nafi, général du Kalife Moaviah, premier conquérant musulman, sorte de soudard fantasque et cruel. A l'endroit où s'élève aujourd'hui la mosquée Sidi Okba fut défait et tué par les Berbères et les Romains alliés. La légende de Sidi Okba est d'une férocité inouïe : la voici :

« Après avoir conquis la région septentrionale du « Zab, le glorieux Émir Sidi Okba fit égorger « ceux des Berbères idolâtres qui ne voulurent pas « embrasser la vraie foi, à l'exception de l'ancien « chef du pays nommé Koçeila, qu'il garda près de « lui avec cinq de ses enfants. Le roi païen ne vou- « lait pas abjurer son erreur : la prudence ordonnait « cependant à Sidi Okba, entouré de barbares « encore insoumis, de garder Koçeila en otage ; il « ne pouvait donc l'envoyer à la mort, et le cœur « pieux du saint émir saignait de douleur. Toute- « fois l'aveuglement de l'idolâtre souillant le camp « des fidèles, il n'y avait pas de mauvais traite- « ments que l'émir ne fît endurer à Koçeila, pour « le mettre dans le droit chemin.

« Un jour, Sidi Okba appela l'ancien chef du pays « et lui ordonna d'écorcher de ses mains un mouton « fraîchement abattu.

« — Afin, dit-il, que les nouveaux convertis « voient jusqu'où peut aller l'humiliation de leur « ancien roi opiniâtre et infidèle.

« Pendant cette besogne répugnante et réputée « vile dans le Ziban, Koçeila, chaque fois qu'il reti-

« rait sa main sanglante du corps du mouton, se la « passait sur la barbe.

« — Que fais-tu? demanda Sidi Okba.

« — Cela fait du bien aux poils ! répondit Koçeila.

« — Tu songes à te venger.

« — Non ! car je suis ton esclave.

« — Oui ! tu l'es ! mais si tu te convertis, je te « traiterai bien.

« Koçeila ne répondit pas. Plein de fureur et em- « porté par sa ferveur religieuse, Sidi Okba cria :

« — Si en place d'un mouton, je t'ordonnais d'é- « corcher un de tes fils, que ferais-tu?

« Koçeila répondit :

« — Ne suis-je pas forcé de t'obéir?

« — Qu'on amène un des petits infidèles ! ordonna « l'émir.

« Sommé d'écorcher son fils ou d'embrasser l'Is- « lamisme, le misérable Berbère préféra sacrifier la « chair de sa chair. Il accomplit l'acte d'abomination, « et comme il l'avait fait du sang du mouton, il se « teignit la barbe du sang de son enfant ! Après quoi « il demanda à l'émir :

« — Veux-tu que j'écorche les autres?

« Vaincu par son opiniâtreté, Sidi Okba se retira « sous sa tente. Depuis ce moment, abandonnant la « pensée de convertir l'idolâtre, il sembla l'avoir ou- « blié. Koçeila, lui, n'oubliait rien. Laissé, malgré « les conseils des chefs arabes, presque libre dans

« l'intérieur du camp musulman, il noua des relations avec les Berbères insoumis, ses parents et « alliés, et réussit à communiquer avec le comte « Julien, chef romain. Les Berbères et les Romains « réunis firent tomber dans une embuscade l'émir. « Sidi Okba ben Nafi périt glorieusement, après « avoir tué des milliers d'ennemis. »

Le cercueil de ce fanatique est recouvert d'un tsabout (châsse) des plus modestes. Un tapis écarlate orné d'inscriptions arabes brodées en fils d'or, le cache aux yeux des pèlerins ; une petite armoire, creusée dans le mur de la mosquée, renferme quelques manuscrits qui sont peut-être curieux.

J'ignore si les savants se sont occupés de cette bibliothèque, mais je la signale...

Sur un des piliers on lit une inscription arabe. Si Mohammed prétend que c'est la plus ancienne de l'Algérie, et me la traduit en français.

« Ici repose Sidi Okba ben Nafi, dans la miséricorde de Dieu éternel. »

Le portique à colonnes qui entoure la mosquée de Sidi Okba est attenant à un minaret carré, très léger, très svelte et qui s'amincit à mesure qu'il s'élève. On monte au minaret par un escalier, tournant autour d'un pilier qui n'est pas d'une solidité à toute épreuve. Le tremblement de ce pilier, me dit Si Mohammed, attribué à un miracle, fait de la mosquée un lieu de pèlerinage.

Effectivement plus on avance dans l'ascension, plus on voit de noms écrits en arabe sur les murs, sur le pilier, sur les colonnettes du minaret. A côté de ces témoignages de la piété musulmane, d'autres noms, dont la présence a le privilège de m'exaspérer, s'étalent à tous les coins du sanctuaire : Durand, Dufour, Dulac, Smith, Smithson et Paterson.

J'admire le mobile qui a poussé le chef de la IIIme légion romaine ou d'un régiment de ligne français à perpétuer la gloire de leur pays par une inscription sur le roc de la Bouche du Sahara ou sur un pylone du temple d'Eléphantine; je comprends la femme de l'empereur Adrien, venant admirer le colosse de Ramsès Meïamoun, et, après avoir comparé sa grandeur présente à cette grandeur écoulée, je comprends qu'elle ait voulu qu'une inscription garde le souvenir de cette visite du présent au passé. J'excuse lord Byron gravant son nom sur une colonne de l'acropole, lord Byron était quelqu'un. Mais qu'un marchand de coton, un viveur parisien ou un lord obscur s'amusent à profaner les monuments de la plus haute antiquité par le griffonnage, sur des murs centenaires, de leurs noms grotesques, voici ce que je ne comprends pas et ne comprendrai jamais. C'est pour ne pas me trouver confondu avec un tas d'imbéciles, que je ne m'amuserai certes pas à apprendre aux populations à venir que je suis allé à Thèbes, aux Pyramides et à Jérusalem. Les gens de peu de notoriété sont cependant possédés de cette ambition à un point tel, qu'il est complètement inutile de leur en faire comprendre la puérilité.

Je suis allé aux Grandes Pyramides en compagnie d'un monsieur dont j'avais fait connaissance à l'hôtel. Ce monsieur, d'ailleurs très bien élevé, n'avait jamais eu, en cinquante années d'existence, l'occasion de commettre une action, bonne ou mauvaise, assez retentissante pour que le monde se doutât de son existence. De plus il portait un nom très répandu dans son pays, quelque chose comme Durand. Je prie le lecteur de croire que ce n'est pas « *Durand* » qu'il s'appelait.

Après avoir, sous un soleil d'enfer, contemplé les Pyramides, le Sphinx et le temple, nous nous rendîmes au pavillon de l'impératrice Eugénie où on nous avait apprêté à déjeuner. Il était deux heures, la chaleur était à son apogée. Le soleil se couchant à cinq heures, et de récentes pluies ayant détérioré la route, nous convînmes de partir aussitôt après déjeuner pour retourner avant la nuit au Caire. Or, M. Durand, après avoir mangé avec promptitude, disparut tout à coup. A trois heures et demie il n'était pas de retour. J'allai à sa recherche et je le trouvai, couché dans le sable au pied de la Pyramide de Cheops, la tête exposée aux rayons du soleil, suant comme un bœuf, occupé à graver avec un clou son nom sur une pierre de la Pyramide. Il avait déjà réussi à graver D. U. et la moitié d'un R.

— On vous attend, criai-je, nous sommes en retard.

Il se releva. Sa face était rouge, gonflée.

— Je finis dans une petite demi-heure, dit-il.

— Impossible ! Vous savez que la route est, de nuit, impraticable.

— Eh bien ! laissez-moi ici ! je trouverai un banc au pavillon... A la rigueur, je coucherai dans le sable.

Je le regardai, stupéfait.

— A quel propos ? demandai-je.

— Vous ne voyez donc pas ce que je fais ?

— Si ! vous gravez votre nom sur la Grande Pyramide.

— Eh bien !

— Et c'est pour cela ?.......

Il m'interrompit.

— Je ne reviendrai probablement jamais en Égypte, je n'y tiens d'ailleurs pas... Damné soleil ! ajouta-t-il en s'épongeant le visage.

Je ne pus m'empêcher de le raisonner.

— Quel avantage voyez-vous à avoir votre nom sur la Pyramide ? Croyez-vous, par là, augmenter sa valeur artistique ?

— Non !

— Croyez-vous rendre célèbre votre nom ?

Il réfléchit.

— Non ! dit-il enfin. Si j'étais J-B. Durand, le peintre, ou Durand (du Calvados) le député... je ne dis pas... Mais je ne suis rien de tout cela.

Voyant ce qui en était, je descendis d'un pas dans la puérilité humaine.

— Vous voulez peut-être qu'un jour votre fils, voyageant en Égypte, sache que son père y a été ?

— Je n'ai pas d'enfants !

— Un neveu peut-être, un parent, un allié ?

— Non.

— Mais alors !

— Il me sera agréable de me dire, quand je serai à Paris, assis tranquillement dans ma salle à manger : « Moi aussi j'ai été aux Pyramides et mon nom y est gravé. »

Ce *moi aussi*, me rappelle le livre des voyageurs de l'auberge située au sommet du mont Cenis, assez fréquentée avant le percement du tunnel, où j'ai copié la phrase suivante, dont je garantis l'orthographe :

« Et moua auci jème la natur.

« Prince Pougavitzine. »

Quatre fautes d'orthographe et deux mensonges. Rien n'est affreux comme le sommet du mont Cenis, et on pourrait faire dix fois le tour de la Russie sans rencontrer un Pougavitzine qui ait droit au titre de prince.

Je vois que ma haine des touristes qui souillent de leurs noms les monuments historiques, m'a entraîné à une trop longue disgression et je reprends pour quelques lignes mon récit interrompu.

Du haut du minaret de la mosquée de Sidi Okba on jouit d'un beau point de vue. Le regard, après avoir franchi l'oasis de palmiers, découvre le désert, qui s'étend à perte de vue, zébré comme une peau de panthère par les oasis de Chatma, Sidi Khalil et Biskra. Le soleil descend lentement, mais l'heure est avancée et Si Mohammed nous presse de partir. Notre voiture est poursuivie longtemps par les cris des gamins qui nous demandent des sous. Puis, nous entendons le muezzin appeler à la prière les habitants de Sidi Okba : la voix du muezzin nous arrive claire et nette, grâce à la pureté de l'air : le silence du désert, plus profond au coucher du soleil, nous enveloppe de tous côtés.

Cependant le jour finit : le sable noircit à mesure que la nuit approche; en revanche les montagnes de l'Aurès qu'on aperçoit devant Biskra, se colorent en rouge. Le silence devient sépulcral. Le sommeil de la nature au Sahara ressemble à la mort. Dans nos climats, la nuit est mélancolique; ici, elle est lugubre.

Nous faisons notre dernière heure de voyage dans une obscurité noire, et c'est à tâtons que nous nous serrons les mains pour nous séparer à jamais peut-être, malgré le mot, « à revoir » que nous prononçons tous les six.

A revoir, vous aussi, cher lecteur, à un autre volume, si toutefois celui-ci a trouvé grâce à vos yeux.

Nota. On trouvera en tournant la page un chapitre complétant ce volume au point de vue pratique.

XI

Aperçu pratique du voyage.

La façon la plus directe de se rendre à Biskra et Sidi Okba, c'est de s'embarquer à Marseille pour Stora. De Paris à Stora, il faut quatre jours : De Stora à Biskra — si on ne s'arrête nulle part — deux jours. On peut donc se rendre à Biskra en six jours. Toutefois pour visiter le pays, en voyageant sans se presser, mais rapidement, il faut employer un mois,— *via* Marseille, Tunis, Constantine. J'ai choisi un tout autre chemin. Mon voyage a duré trois mois, et je recommande mon itinéraire aux touristes qui sont maîtres de leur temps.

Parti au commencement de septembre, je me suis arrêté, pendant les derniers beaux jours de l'automne, à Bade, Stuttgard, Augsburg, Munich et Inspruck. D'Inspruck, j'ai traversé le Tyrol jusqu'à Riva sur le lac de Garde, où je me suis embarqué pour Peschiera. J'étais à Venise au commencement d'octobre. Après avoir longé l'Adriatique (Ancône,

Bari, Tarente, Reggio), j'ai pénétré en Sicile par Messine et touché Catane et Syracuse. Là je me suis embarqué pour Malte ; de Malte à Tunis, il n'y a qu'un pas, vivement franchi par un temps calme, très difficile pendant la mauvaise saison, d'autant plus que les bateaux qui font le service, — compagnie anglaise, Langsfield, compagnie italienne Robattino, — laissent beaucoup à désirer.

Ces bateaux partent de Malte une fois par semaine — tous deux le même jour — font escale à Tripoli et à Cagliari, et touchent Tunis. Il s'agit de les prendre par n'importe quel temps si on ne veut pas se résigner à attendre huit jours dans une île qui présente fort peu d'intérêt.

Quoique nous ayons eu la malechance de nous embarquer par une mer détestable, ce qui nous a valu l'ennui de faire en 48 heures une traversée qui en nécessite ordinairement 20, je recommande à mes lecteurs de voyager en octobre. La chaleur devient en ce moment fort supportable en Afrique, et la mer est rarement agitée. Notre traversée finie, nous sommes restés, pendant tout le mois d'octobre et une partie de novembre, au bord de la Méditerranée, et nous l'avons toujours vue calme et unie. Ce n'est que vers la fin de novembre que les vents commencent à souffler régulièrement.

Je recommande aussi aux voyageurs sur la Méditerranée, de prendre les bateaux des Messageries

Nationales et du Lloyd autrichien, de préférence aux autres. Ces deux compagnies se valent à mon avis; je préfère cependant les Messageries pour les longues traversées, les bateaux étant plus grands et mieux installés; le Lloyd, en revanche, est plus agréable pour les trajets de vingt-quatre heures. Une courtoisie extrême dans les rapports entre officiers et passagers règne à bord de ces excellents navires. On y est mieux traité que sur les vapeurs français. Malheureusement le Lloyd et les Messageries ne desservent pas tous les ports dela Méditerranée. Si on se trouve dans un de ces ports (tels que Tunis, Bone ou Tanger), on fera bien d'attendre un navire français (Cie Valery, Freycinet), de se défier des navires italiens (Robattino, Florio) pour la plupart sales et mal tenus, d'éviter les navires anglais, tous petits et avariés (les grandes lignes anglaises ne touchent qu'Alexandrie et Port Saïd), et de fuir comme la peste les bateaux espagnols, turcs, ou égyptiens. Non seulement le confort y est inconnu, mais encore la vie des passagers y court les plus grands risques, grâce à l'incurie des armateurs et à l'incapacité des marins. Je me suis embarqué plus de trente fois et par tous les temps, et je me crois assez éclairé pour faire la comparaison.

Les meilleurs bateaux à vapeur sur lesquels j'ai navigué sont : la *Provence* et le *Moeris* (Messageries) l'*Appollo* et l'*Urano* (Lloyd). Je n'en dirai pas autant de la *Seyne* ou du *Scamandre* (Messageries).

Les bateaux Valery, rouleurs au possible, sont étroits et assez mal aménagés. Cependant ils vont vite, et c'est encore ce qu'il y a de mieux parmi les compagnies de second ordre. La compagnie anglaise « Peninsular » possède quelques beaux navires qui font le service de Brindisi à Alexandrie et Port Saïd, mais je leur préfère les grands navires des Messageries. Beaucoup d'Anglais sont de mon avis.

Je me suis étendu longuement sur ce sujet, car je sais par expérience que les longues traversées effraient les voyageurs. L'itinéraire que j'ai indiqué au commencement de ce chapitre a cela de bon, qu'il évite la mer à ceux qui la craignent. De Syracuse à Malte, on met huit heures ; de Malte à Tunis, dix-huit; de Marseille à Tunis, il faut cinq jours.

Le voyage de Tunis, par le Tyrol, l'Italie et la Sicile, sans présenter ni fatigues ni dangers, coûte relativement peu de chose : en première classe, 1,000 francs tout au plus (chemin de fer, bagages et bateaux à vapeur). Lentement, à petits trajets, et s'arrêtant dans les villes pour rattraper l'argent du chemin de fer, on peut l'exécuter en un mois, ne dépensant guère plus de trente francs par jour, et sans se priver de rien. Nous n'avons jamais, à trois, — ma femme, la femme de chambre et moi — dépensé plus de 5,000 francs par mois et nous voyagions sans compter, prenant partout des voitures, des appartements, et des cicerones ou guides.

Puisque nous sommes sur ce chapitre, je ne saurais trop prémunir les voyageurs contre ces gens qu'on appelle, en Europe, guides, domestiques de place ou cicerones, en Asie et en Afrique, drogmans ou interprètes. C'est la plaie des hôtels.

Pour la plupart ignorants et présomptueux, ayant appris par cœur une leçon qu'ils débitent machinalement, rapaces et voleurs, ils végètent dans les sous-sols des hôtels, d'où ils se précipitent sur les malheureux étrangers nouvellement débarqués. Pour s'emparer de vous, ils emploient tous les moyens, depuis les plus viles supplications jusqu'aux invectives. Si vous avez le malheur de vous laisser fléchir, vous êtes perdu. Vous ne pouvez plus entrer dans un magasin, sans voir votre guide cligner des yeux pour inviter le marchand à mettre à haut prix l'objet convoité, afin de recevoir sa remise. Si vous allez visiter un musée, une église, ou une mosquée, il est là, vous regardant dans la main, pour voir le pourboire que vous donnez, faisant signe au concierge, au gardien, qui après vous avoir montré quelque coin sombre de l'édifice, exige un nouvel impôt, partagé après coup, avec votre persécuteur. Et ne vous avisez pas, si vous avez pris un guide, de le quitter après quelques jours de séjour dans une ville ; vous vous en faites un ennemi mortel. Il a jeté son dévolu sur vous : tant que vous êtes à l'hôtel vous lui appartenez. Que vous ayez tout vu, tout acheté, vous lui devez quand même ses six ou sept francs par jour.

Ne comprenant pas un mot de turc, j'étais tout à fait dépaysé à Smyrne. J'engageai à l'hôtel un interprète. Pendant trois jours, je me suis promené avec lui dans tous les bazars. Mais, ayant pris langue, ennuyé d'ailleurs de sa façon d'être — mon interprète m'accompagnait chez les marchands qui me faisaient des prix ridicules, — je le congédiai le quatrième jour, en lui faisant observer que je connaissais la valeur des objets.

— Voici vos trois jours, dis-je, en lui donnant vingt francs... Je n'ai plus besoin de vous.

— Monsieur le prince ne partira que demain, me répondit-il.

— Je ne pars pas... Je reste quinze jours à Smyrne.

— Ah! mais alors...

Il me regarda d'un air rebarbatif. Je répétai :

— Je n'ai plus besoin de vous!

— Vraiment? et que ferai-je pendant ce temps?

— Ce que vous voudrez!

— Mais, vous m'avez engagé en qualité d'interprète, j'aurais pu rencontrer un autre voyageur.....

C'était absolument faux. Il n'y avait à ce moment que moi de voyageur à l'hôtel. Je l'interrompis...

— Prenez votre argent et laissez-moi tranquille !

Il s'éloigna en grommelant. A quelque temps de là je fis mes acquisitions au tiers du prix demandé. Le jour où je reçus mes emplettes, j'entendis la voix de cet homme dire distinctement à l'office :

— Avez-vous vu cette canaille de prince ! Il a fait ses emplettes. Et ça s'appelle un voyageur de distinction !

Cette rapacité est doublée chez les cicérones par une insuffisance absolue. Ils ne montrent dans les villes que les curiosités à la portée de tout le monde, n'ayant ni relations, ni entregent, connus et méprisés qu'ils sont parmi leurs concitoyens.

J'ai souvent employé des guides et je n'en ai rencontré qu'un de scrupuleusement honnête, c'est le petit Israélite de Tunis, Nataf. Aussi ne savait-il pas grand'chose de son métier. Cependant, je ne désespère pas de lui ; il est jeune, il se formera. Aujourd'hui, j'en suis arrivé à me passer absolument de ces parasites. Les livres-guides (Joanne, Bedecker, etc.) donnent des indications minutieuses, les cochers des voitures de place connaissent partout leur métier, et tous les musées, galeries de tableaux et collections, sont catalogués et numérotés. Dans les pays d'Orient, vous trouvez parmi les Européens des cicerones de bonne volonté. A la rigueur, on peut louer un domestique indigène, qui, sans avoir de prétention au titre de drogman, vous rend absolument les mêmes services.

D'ailleurs, rien de plus amusant, à mon avis, que d'errer à l'aventure dans une ville inconnue. Le plaisir que l'on éprouve à s'orienter soi-même, compense largement la fatigue éprouvée. Cette fatigue est d'ailleurs facile à éluder. Les concierges de tous les hôtels sont polyglottes, car on exige du concierge d'un hôtel bien tenu la connaissance d'au moins deux langues, sans compter celle du pays. Ces concierges se chargent toujours avec plaisir, en prévision d'un pourboire, devenu obligatoire au moment du départ, de vous donner toutes les indications nécessaires ou de traduire vos instructions aux cochers des voitures publiques. Ceux qui veulent voyager très grandement peuvent se faire accompagner par un courrier, mais riches et pauvres feront bien de se défier des guides d'hôtel.

A partir de Bologne, on quitte la région visitée habituellement par les touristes à l'eau de rose. Sur le littoral de l'Adriatique, on ne rencontre plus de ces hôtels bâtis sur le modèle suisse, avec table d'hôte, salons, cabinets de lecture, appartements, restaurants et prix affichés dans les chambres. Il s'agit de bien dîner à l'hôtel Brun, car on ne mangera plus jusqu'à Malte que des ragoûts sans nom. Il est prudent de se faire faire un panier de provisions (pain, beurre, mortadelle, sardines). On trouve tout cela excellent chez les frères Zappoli, à deux pas de l'hôtel Brun. Le trajet de Bologne à Ancône se fait en huit heures ; Ancône est déjà un pays perdu : l'hôtel est mal tenu, sale, délabré ; la nourriture mauvaise. Il est raisonnable de faire ses prix à l'avance, à n'importe quel hôtel (fut-ce le Grand Hôtel) mais cette précaution devient indispensable dans les pays peu fréquentés. Si vous demandez un appartement dans un hôtel de l'Adriatique ou de la Sicile, et si vous vous faites servir chez vous, on vous donnera des chambres énormes, démeublées, avec des lits à ressorts, on vous servira une nourriture nauséabonde et on vous prendra plus cher que dans le meilleur hôtel de Rome ou de Milan. En faisant votre prix, vous serez tout aussi mal servi, mais vous paierez moins. A Bari, où je n'ai pas fait mon prix, j'ai payé quelque chose comme cent francs par jour, pour être logé et nourri absolument de la même façon qu'à Catane, où j'ai traité pour trente francs. En général, la vie n'est pas chère dans cette partie de l'Italie, mais le voyageur est indignement exploité, s'il ne se défend pas.

Entre Ancône et Bari, on peut dîner, tant bien que mal, au buffet de Foggia; mais une fois engagé dans les Calabres, on risque de mourir d'inanition si on n'a pas emporté de provisions. Sur un trajet de 28 heures à peu près, il n'y a ni buffet, ni buvette, excepté à Tarente, où la cabane qui sert à abriter le restaurant est d'une saleté tellement révoltante, qu'il est impossible d'y rester cinq minutes. Les hôtels de Reggio, de Messine, de Catane et de Syracuse fatiguent plutôt qu'ils ne reposent le voyageur. Dans ces pays on est heureux dehors, et on souffre dès qu'on monte chez soi. Courants d'air, saleté, vermine : pas de tapis, des lits durs, des meubles disloqués. Nous nous sommes trouvés si fatigués de nos pérégrinations à travers les mauvais hôtels, que nous nous sommes arrêtés trois jours à Aci Réale, — petite station balnéaire entre Messine et Catane, — rien que parce qu'on nous avait dit qu'il y avait là un bon hôtel. En effet, l'hôtel d'Aci Réale est le meilleur établissement de ce genre sur toute la côte orientale de l'Italie. Aménagé à l'instar des hôtels européens, avec tapis, meubles, et accessoires, il a été construit par un original, le baron de... qui a voulu doter son pays d'un bon hôtel. Les voyageurs sont rares à Aci Réale, — nous étions seuls à l'hôtel pendant les quatre jours que nous y avons passés, — l'entretien de cet établissement destiné à rehausser Aci Réale aux yeux de l'Europe, coûte au susdit baron des sommes incalculables...

Le manque de confort est tel qu'on quitte la Sicile avec plaisir, surtout pour se rendre à Malte où la présence des Anglais fait espérer une compensation. Sans être extraordinairement bon, l'hôtel de Malte (Impérial) est habitable, à raison de 20 francs par personne et par jour, et de 10 francs pour les domestiques. L'hôtel Bertrand de Tunis est un des meilleurs de la côte Africaine. Le cuisinier de l'hôtel, ancien employé de la maison Potel et Chabot, cuisine délicieusement, et si les appartements ne sont pas luxueux, ils sont au moins propres et bien tenus. Quant au bon marché, il est fabuleux. Nous avons habité l'hôtel pendant dix jours. Deux maîtres, un domestique, salon, trois chambres, voitures, déjeuner, dîner, vin à discrétion, café, cognac : tous les jours, gibier, poisson : quatre cents francs. Je garde la note comme une curiosité. La vie est aussi à très bon marché dans les petites villes d'Algérie ; *la pension*, en usage pour les voyageurs de passage, comme pour les clients, est de 7 fr. 50 c. par jour (indistinctement, maîtres et domestiques) : mais on est mal couché, mal logé, mal couvert, et le moindre extra augmente la note dans des proportions inquiétantes. A Constantine, l'hôtel de Paris est bien tenu ; les prix, sans être bas, sont raisonnables : les hôtels d'Alger sont détestables, et les prix exorbitants. On y achète fort cher un confort incomplet. Les hôtels de Bône, Philippeville, sont mauvais, ceux de Batna, Elkantra, Biskra. Sétif ressemblent aux auberges de rouliers. Il y a à Palestro, un petit hôtel assez propret.

Toutefois le voyage en Afrique est peu dispendieux, et si un touriste peut aller de Paris à Tunis, sans dépenser plus de 30 francs par jour, en Algérie, il est impossible au plus prodigue de dépenser 15 francs par jour.

On communique entre les villes d'Algérie au moyen de diligences qui transportent à bon marché; il est vrai qu'elles sont détestables ; c'est un véritable supplice que d'y faire un long trajet. A Bône, Constantine, Alger et Oran et à l'hôtel Médarc de Biskra, on peut facilement louer des voitures à trois ou quatre chevaux, qui, pour le prix relativement minime de 30 à 40 francs par jour, vous promènent sur tous les chemins. Néanmoins on ne saurait emporter qu'un très mince bagage, les voitures étant pour la plupart petites et découvertes. En voyageant à deux et réunissant deux bourses, je crois cependant que c'est le moyen le plus agréable de parcourir l'Algérie.

Il est tout à fait inutile d'emporter des armes ; la sécurité est partout très grande. L'indigène le moins scrupuleux, qui assassinerait facilement un juif ou un de ses coreligionnaires, respectera un Européen. Au cas d'une révolte, les armes seraient tout aussi inutiles, car on ne pourrait s'en servir contre toute une population. Le trajet de Biskra à Touggourt se fait à cheval ; il faut être accompagné par une escorte. Ce voyage, ainsi que toute excursion un peu longue dans le Sahara, ne saurait être entrepris sans la protection des autorités françaises.

En voyageant en Algérie et à Tunis, pendant les mois d'octobre, novembre, décembre, il faut prendre des précautions contre la chaleur et le froid. Les ombrelles, les voiles et les vêtements d'été sont toujours de saison dans la région Saharienne de Biskra à Touggourt. Sur le littoral de Bône à Alger, les mutations de température sont fréquentes à toute époque : Constantine jouit d'un climat tempéré, mais il gèle en novembre à Batna, à Sétif et en Kabylie. Les pluies, presque inconnues au Sahara, sont très abondantes dans le Tell.

Voici un tableau de prix, distances, prix d'hôtel, etc., pour une personne.

1re Classe.

MOYENS de communication.	LOCALITÉS.	APPROXIMATIFS. Durée du trajet.	Prix en 1re cl.	HOTELS.	PRIX par jour.	OBSERVATIONS.
Chemins de fer.	de Paris à Bade	14h »	70 »	Cinq ou six hôtels.....	25 »	Arrangement préalable.
Id.	Bade à Stuttgart.......	3 »	10 »	Hôtel Marquart.........	15 »	Excellent hôtel.
Id.	Stuttgart à Augsburg(*)	5 »	14 »	Rois Mages............	20 »	Assez bon.
Id.	Augsburg à Munich(*).	1 10	5 »	Quatre saisons.........	20 »	Id.
Id.	Munich à Inspruck(*)..	5 30	17 »	Du Tyrol	20 »	Id
Id.	Inspruck à Trente......	6 15	22 50	De Trente.............	20 »	Id.
Voiture particul.	Trente à Riva........	5 »	40 »	Sale d'Oro............	15 »	Mauvais.
Bateau à vapeur.	Riva à Peschiera.....	5 »	4 50	Pas d'hôtel possible....	» »	Eviter de s'arrêter.
Chemins de fer.	Peschiera à Vérone(*)	» 45	2 »	Dui Tori..............	15 »	Mauvais.
Id.	Vérone à Venise(*)...	2 30	13 »	Plus. hôtels, tous mauvais et chers, arrangement indispensable.		
Id.	Venise à Bologne(*)...	5 »	18 25	Brun.................	20 »	Bon, arrangeant.
Id.	Bologne à Ancône.....	8 15	29 10	La Paca..............	10 »	Mauv, arrang. indispens.
Id.	Ancône à Bari	13 »	44 50	Risorgimento	12 »	Détestable.
Id.	Bari à Reggio	20 30	67 »	Italie................	10 »	Id.
Bateau à vapeur.	Reggio à Messine.....	1 »	3 »	Victoria..............	15 »	Assez mauvais.
Chemin de fer.	Messine à Aci Reale..	3 20	10 10	Hôtel des Bains.......	15 »	Très bon.
Id.	Aci Reale à Catane(2).	» 45	» 65	— de Catane.......	20 »	Id.
Id.	Catane à Syracuse(*).	3 »	10 »	Tous mauvais,.........	12 »	Détestables.
Bateau à vapeur.	Syracuse à Malte......	8 »	26 »	Impérial.............	20 »	Bon, tenu à l'anglaise.
Id.	Malte à la Goulette...	2J »	65	Pas d'hôtel..........	20 »	Eviter de s'arrêter.
Chemin de fer.	la Goulette à Tunis(*).	» 45	1 50	Hôtel Bertrand........	10 »	Excell., cuisine de Paris.
Bateau à vapeur.	Tunis à Bône........	16 »	48 »	D'Orient..............	15 »	Mauvais.
Voiture particul.	Bône à Philippeville...	12 »	80 »	Id.	7 50	Id.
Chemin de fer.	Philip. à Constantine(*).	4 »	14 »	De Paris..............	7 50	Assez bon.
Diligence.	Constantine à Batna...	12 »	12 »	Id.	7 50	Mauvais.
Id.	Batna à El-Kantra.....	12 »	13 »	Bertrand..............	7 50	Id.
Id.	El-Kantra à Biskra(*).	10 »	12 »	Medon................	7 50	Id.
A cheval.	Biskra à Sidi Okba(*).	4 »	» »	Pas d'hôtel...........	» »	Hospitalité chez le scheik.
		Aller et ret.				
		201h »	652 10			

(1) Les villes marquées d'un astérisque sont les plus intéressantes à visiter.
(2) Excursion de l'Etna.

RETOUR DIRECT.

De Biskra à Constantine.	34 heures.	37 fr.
De Constantine à Stora (Philippeville).	4 »	14
De Stora à Marseille.	96 »	80
De Marseille à Paris.	16 »	105
	150 heures	236 fr.

Le voyage tout entier comprend donc environ :

Heures de voyage 348 soit 14 j. et 12 h. 888 fr.

En s'arrêtant huit jours à Tunis et à Biskra, deux ou trois à Venise, Syracuse, Malte, Bône et Constantine, et 24 heures dans la plupart des autres villes, on ajoute aux 14 jours de voyage

55 » de séjour.

Total. 69 » jours

Comptant en moyenne 20 francs par jour, chiffre extrêmement large, si on prend en considération les jours de traversée où on ne paie pas de nourriture, les jours de voyage où on dépense très peu et les arrêts dans les villes d'Afrique où la vie est pour rien, on arrive à une somme de. . . . 1,380 fr.

Frais de voyage. 890

Total 2,270 fr.

Le touriste peut donc, en deux mois et demi et pour 2,300 francs, faire cet important voyage, sans se priver de rien. En réunissant en commun deux ou trois bourses, ces frais peuvent être diminués d'un tiers.

Ceux qui consentiront à voyager en deuxième classe et à s'arrêter dans les hôtels de second ordre, arriveront facilement à réduire ces prix de mille à douze cents francs.

TABLE

ALGÉRIE

Soc. an. d'imp. P. Dupont, Directeur, Paris, 41, rue J.-J.-Rousseau. (Cl.)43.2-80

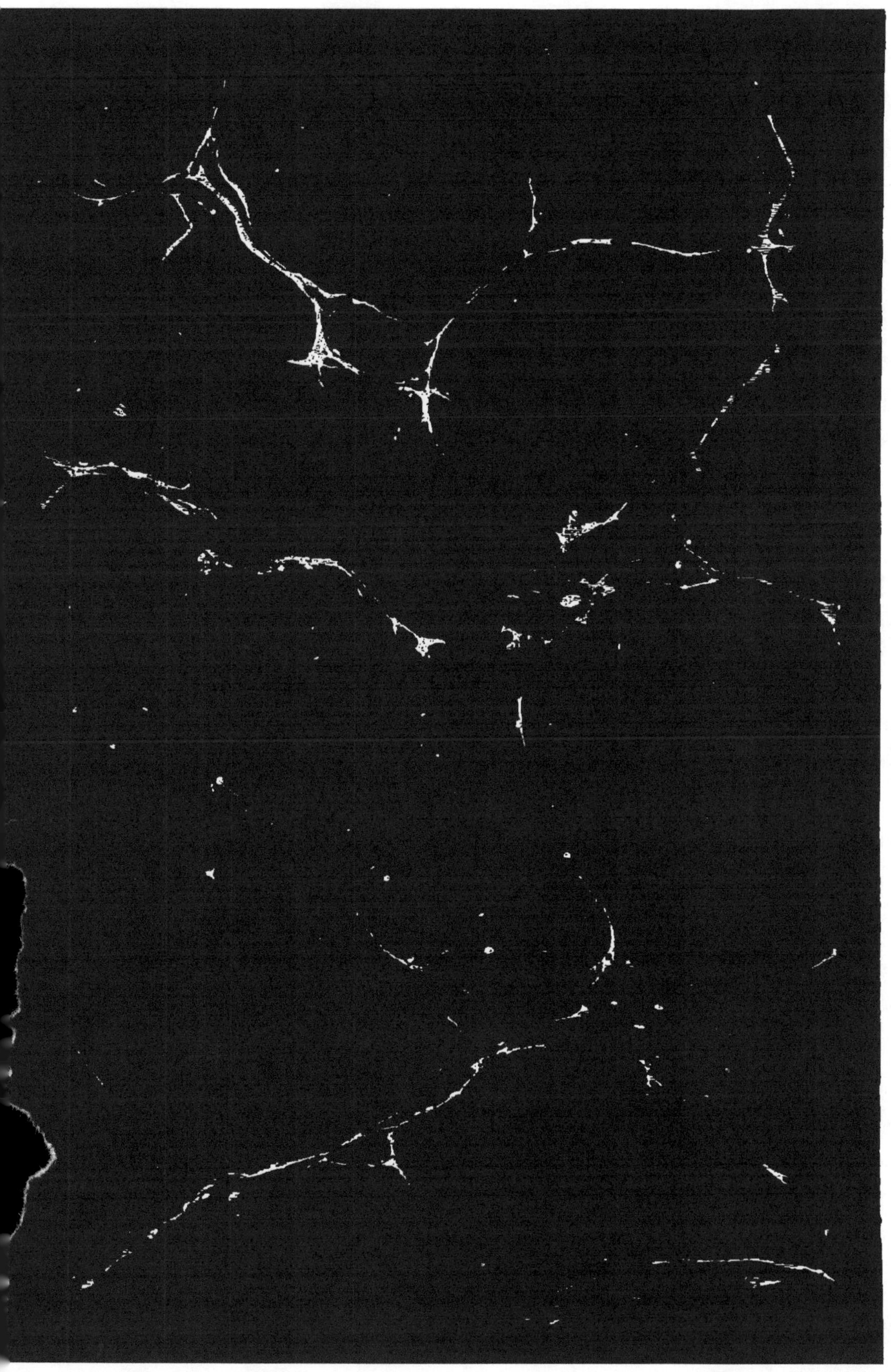

www.ingramcontent.com/pod-product-compliance
Ingram Content Group UK Ltd.
Pitfield, Milton Keynes, MK11 3LW, UK
UKHW031044260726
13965UKWH00006B/263

9 782012 890664